Band 1

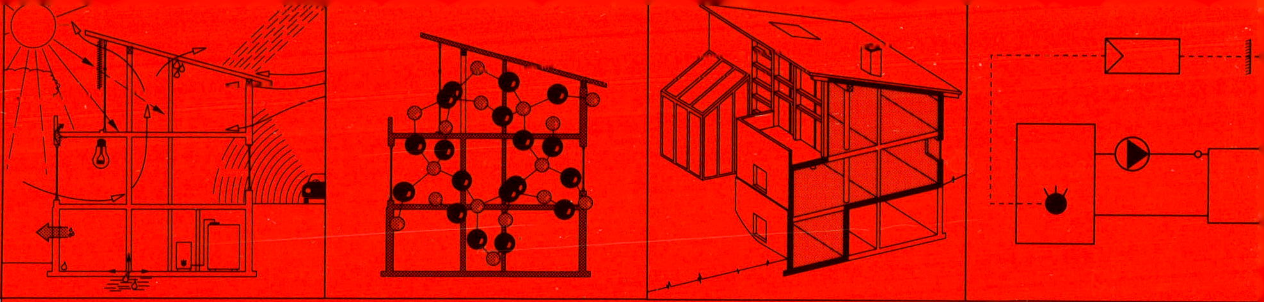

Hans Moor

Physikalische Grundlagen
Bau und Energie

Leitfaden für Planung und Praxis

Herausgeber Christoph Zürcher

vdf

Bau und Energie – Leitfaden für Planung und Praxis

Herausgeber: Ch. Zürcher

Dieser auf einer einheitlichen, integralen Denkweise aufgebaute Leitfaden, eine Gemeinschaftsproduktion der Verlage vdf, Zürich, und B.G. Teubner, Stuttgart, behandelt den Problemkreis «Bau und Energie» (Planung/Betrieb und Unterhalt). Das Werk kann wie folgt verwendet werden:

- als Lehrmittel:
  - als Ganzes in Nachdiplomkursen/Ergänzungsstudien wie «Bau und Energie»
  - in Teilen auf Stufe HTL (FH)/TH im entsprechenden Grundlagenunterricht
- als kurzgefasstes Nachschlagewerk für:
  - Bauplaner und Fachberater
  - Interessenten im Bereich «Bau und Energie»

Hans Moor
Physikalische Grundlagen
98 Seiten, zahlreiche Abbildungen und graphische Darstellungen, A4 broschiert,
ISBN 3 7281 1824 9 (vdf)/
3 519 05050 1 (Teubner)
Mechanik, Wärme, Feuchte Luft, Schwingungen und Wellen, Schall Elektrizität, Licht

Christoph Zürcher
Bauphysik
etwa 150 Seiten, zahlreiche Abbildungen und graphische Darstellungen, teils in Farben, A4 broschiert,
ISBN 3 7281 1822 2 (vdf)/
3 519 05051 X (Teubner)
Randbedingungen (Innen- und Aussenklima), Wärme, Feuchte, Luftströmungen, Tageslicht, Energie/Leistung, Schall, Brand

Gustav Peter
Baustofflehre
etwa 70 Seiten, zahlreiche Abbildungen und graphische Darstellur gen, A4 broschiert,
ISBN 3 7281 1825 7 (vdf)/
3 519 05052 8 (Teubner)
Grundbegriffe und Grundzüge aus der allgemeinen Chemie, Chemie der Luft und des Wassers, Grundzüge einer Stofflehre, Beständigke der Metalle, Beständigkeit mineral scher Baustoffe, organische Baustoffe, Bautenschutz, optimale Materialwahl

Marco Ragonesi
Bautechnik der Gebäudehülle
176 Seiten, zahlreiche Abbildunge und graphische Darstellungen, teil in Farben, A4 broschiert,
ISBN 3 7281 1826 5 (vdf)/
3 519 05053 6 (Teubner)
Gebäudehülle als Teil des Bauwer kes, Gebäudehülle beim Neubau, Bauteile im Gebäudeinnern, Bauteilübergänge, Hochwärmedämmende Konstruktionen, passive ur aktive Sonnenenergienutzung, Instandhaltung/Renovation/ Umnutzung

Christoph Schmid
Heizungs- und Lüftungstechnik
128 Seiten, zahlreiche Abbildunge und graphische Darstellungen, A4 broschiert,
ISBN 3 7281 1827 3 (vdf)/
3 519 05054 4 (Teubner)
Dimensionierungsrichtlinien, Wärmeerzeugung, Wärmeverteilung, Wärmeabgabe, Komfort, mechanische Lüftung, Regelungstechnik, Systemwahl/Haustechnik-Konzepte

Bau und Energie - Leitfaden für Planung und Praxis
5 Bände komplett
ISBN 3 7281 1819 2 (vdf)/3 519 05055 2 (Teubner)

Band 1

Hans Moor

Physikalische Grundlagen

Bau und Energie

Leitfaden für Planung und Praxis

Herausgeber Christoph Zürcher

Verlag der Fachvereine Zürich B. G. Teubner Stuttgart

Der vorliegende Band ist Teil des Leitfadens «Bau und Energie». Der Leitfaden besteht aus den Bänden:
- Physikalische Grundlagen
- Bauphysik
- Baustofflehre
- Bautechnik der Gebäudehülle
- Heizungs- und Lüftungstechnik

Eine Übersicht der wichtigsten Normen im Bereich «Bau und Energie» findet sich im Band «Bauphysik» dieses Leitfadens.

Die Redaktion und Herstellung wurde durch die Konferenz der kantonalen Energiefachstellen und das Bundesamt für Energiewirtschaft (BEW) unterstützt und finanziert.

Autor:
Dr. Hans Moor, dipl. Phys. ETH
Professor für Physik und Bauphysik
TWI Ingenieurschule Winterthur

Es ist mir ein Anliegen, an dieser Stelle allen meinen Fachkollegen zu danken, welche durch ihre Anregungen und Verbesserungsvorschläge zum Gelingen dieses Werkes beigetragen haben.
Ein besonderer Dank gilt meiner Tochter für das Eintippen des Manuskriptes.

Die Deutsche Bibliothek - CIP-Einheitsaufnahme

Bau und Energie:
Leitfaden für Planung und Praxis/Hrsg. Christoph Zürcher.
Zürich: Verl. der Fachvereine; Stuttgart: Teubner.
ISBN 3-7281-1819-2 (vdf)
ISBN 3-519-05055-2 (Teubner)

Moor, Hans:
Physikalische Grundlagen/Hans Moor.
Zürich: Verl. der Fachvereine; Stuttgart: Teubner 1993
(Bau und Energie; Bd. 1)
ISBN 3-7281-1824-9 (vdf)
ISBN 3-519-05050-1 (Teubner)

Gestaltung, Satz, Graphiken: Marco Ragonesi, Luzern
Umschlaggestaltung: Fred Gächter, Oberegg
Druck und Ausrüstung: Sticher Printing AG, Luzern

Der vdf dankt dem Schweizerischen Bankverein für die Unterstützung zur Verwirklichung seiner Verlagsziele

Vorwort zum Leitfaden «Bau und Energie»

«Der zu deckende Energiebedarf der Menschheit bringt ernsthafte ökonomische, soziale und ökologische Probleme mit sich. Ihre Lösung verlangt vernünftige, technologisch und wirtschaftlich machbare Alternativen.» [C. Starr: «Energy and power», Scientific American (1971)]

Die Menschheit ist heute dabei, ihren begrenzten Lebensraum – die Erde – durch übermässige Umweltbelastung in globalem Massstab zu verändern:

«Und sie sägten an den Ästen,
auf denen sie sassen und schrien
sich zu ihre Erfahrungen,
wie man besser sägen könne
und fuhren mit Krachen in die Tiefe
und die ihnen zusahen beim Sägen
schüttelten die Köpfe
und sägten kräftig weiter.» [Bert Brecht]

Uns gegenüber den Nächsten und unseren Nachkommen verantwortlich zu verhalten hinsichtlich der Auswirkungen, die unsere Lebensweise für die Umwelt bedeutet, ist ein Gebot der Zeit – auch im Bereich «Bau und Energie».

Vor dem Hintergrund der Energie-Umwelt-Problematik und einem nicht zu vernachlässigenden Anteil der Gebäude am Gesamtenergieverbrauch geht es darum, den Bereich «Bau» unter dem Aspekt «optimale Energienutzung – massvolle Behaglichkeitsanforderungen – minimale Umweltbelastung» genauer auszuleuchten.
Der Leitfaden «Bau und Energie» zeigt – ausgehend von den Grundlagen der Naturwissenschaften – Zusammenhänge aus dem Bereich Umwelt-Gebäude-Mensch auf. Er erhebt keinen Anspruch auf Vollständigkeit, die vorgestellten Themen stellen eine Auswahl aus dem vielfältigen Fragenkomplex dar.

Der Leitfaden wurde im Rahmen eines Forschungsprojektes «Aufbau einer auf einheitlichen, integralen Denkweise basierenden und allgemeinverständlichen Dokumentation zum Problemkreis "Bau und Energie"» zusammengestellt und kann

- einerseits
  - als *Ganzes* in Nachdiplomkursen/Ergänzungsstudien wie «Bau und Energie» oder
  - in *Teilen* auf Stufe HTL (FH)/TH im entsprechenden Grundlagenunterricht als *Lehrmittel*,
- andererseits bei
  - Bauplanern oder Fachberatern und
  - Interessenten im Bereich «Bau und Energie»

als kurzgefasstes *Nachschlagewerk* verwendet werden.

Ein übergeordnetes Ziel lässt sich – ähnlich wie beim Impulsprogramm RAVEL (Rationelle Verwendung von Elektrischer Energie) – mit dem Öffnen neuer Handlungsspielräume im Bereich «Bau und Energie» durch eine verbesserte oder neuzuerwerbende Kompetenz umschreiben.

Bei dieser Arbeit ging es nicht primär darum, das Rad neu zu erfinden. Im Gegenteil: Bestandenes, Bewährtes wurde übernommen. Aufgrund der rasanten technischen Entwicklung und der zunehmenden Sensibilisierung in Umweltfragen wurden einzelne Teile völlig neu erarbeitet, vorhandene Artikel aktualisiert bzw. überarbeitet. Themen aus neueren Forschungsarbeiten wie IP RAVEL, IP BAU (Erhaltung und Erneuerung), IP PACER (Erneuerbare Energien) usw. wurden soweit möglich integriert. Eine Übersicht der wichtigsten Normen im Bereich «Bau und Energie» findet sich im Band «Bauphysik» dieses Leitfadens.

Wir bitten die Leser, Fehlermeldungen bzw. Hinweise auf Ungenauigkeiten oder Vorschläge für Verbesserungen direkt an den vdf, Verlag der Fachvereine, ETH Zentrum, CH-8092 Zürich, zuhanden der Autoren zu richten.

Zürich, im Herbst 1992
Der Herausgeber: Ch. Zürcher

Physikalische Grundlagen

Inhaltsverzeichnis

1. Einleitung

1.1 Entwicklung der Baukunst

1.1.1 Vorwissenschaftliche Baukunst

Seit Urzeiten versucht der Mensch, sich vor den Naturgewalten und vor der Witterung zu schützen. Von der primitiven Grabstätte bis zum vollklimatisierten Wolkenkratzer steht dieses Schutzbedürfnis im Mittelpunkt der baulichen Tätigkeit.

Elementare Baukunst

Unsere Vorfahren bauten vorwiegend gefühlsmässig und empirisch. Trotz dieser intuitiven Art des Bauens erreichten sie ein erstaunlich hohes Mass an technischer Fertigkeit. Dies war allerdings nur möglich, weil sich über längere Zeiträume hinweg Baumaterialien und Bauweise nur wenig änderten. Als Folge davon entwickelten sich ausgeprägte Stilrichtungen.
Zahlreiche, zum Teil gut erhaltene Bauwerke legen noch heute Zeugnis ab vom hohen Stand der Baukunst vergangener Epochen.

Griechische Baukunst

Heute sind die Verhältnisse grundlegend verschoben. Die Baustoffe wechseln in rascher Folge und die hektische Bauweise der Gegenwart verhindert oft, dass genügend Erfahrungen gesammelt und verwertet werden können. Um wirtschaftlich zu bauen, ist man gezwungen, die physikalischen Vorgänge am und im Bauwerk zu untersuchen, vorauszurechnen und zu optimieren. Dies ist eine der Hauptaufgaben der Bauphysik. Eine zunehmende Bedeutung erlangt heute ferner die Entsorgung von «problematischen» Baustoffen.

Römische Baukunst

Bei diesem römischen Aquädukt, der 2000 Jahre überdauerte, ergaben sich keine Entsorgungsprobleme. Oft dienten die Überreste solcher Bauten nach ihrem Zerfall als willkommenes Rohmaterial für neue Bauwerke. Während dieser vorwissenschaftlichen Zeit der Baukunst wurden die gesammelten Erfahrungen von Generation zu Generation überliefert.

1.1.2 Das Eingreifen der Wissenschaft

Eine Wende in dieser traditionellen Baukunst trat erstmals im Laufe des 18. Jahrhunderts ein. Mit dem Aufkommen der Wissenschaft wurde es möglich, bis anhin empirisch erprobte Baumethoden zu verlassen und mit Hilfe von mathematischen Berechnungen genauere Voraussagen über das Verhalten von Baustoffen, Bauteilen und ganzen Bauwerken zu machen. Physik, Chemie und Werkstoffkunde haben zu dieser Entwicklung wesentlich beigetragen und der Architektur neue Impulse verliehen. Speziell die Baustoffe Glas und Stahl sowie Eisenbeton haben zu neuen Konstruktionsmöglichkeiten geführt.

Lag früher die Kunst des Bauens in der alleinigen Hand erfahrener Baumeister, so fand infolge des Eindringens mathematischer und physikalischer Methoden eine zunehmende Spezialisierung statt: Der Architekt wurde für die formalen, der Ingenieur für die technischen Belange zuständig. Die theoretische Baustatik ist bis zum heutigen Tag eine eigenständige Disziplin geblieben.
Nach und nach haben sich auch die Heizungs-, Lüftungs- und Klimatechnik zu eigenen Spezialgebieten entwickelt.
Der Ablöseprozess vom empirisch-handwerklichen zum wissenschaftlich-analytischen Bauen ist noch

keineswegs abgeschlossen. Als Folge des Eindringens der Mikroelektronik und der Informatik in die Baubranche scheint sich ein weiterer Entwicklungsschub in dieser Richtung abzuzeichnen.

Gewiss können einfache Bauten auch heute noch traditionell geplant und rein handwerklich erstellt werden. Bei schwierigen Bauaufgaben kommen Architekten und Bauingenieure jedoch ohne wissenschaftliche Hilfsmittel nicht mehr aus. Sie sind fast in allen Bereichen der Bauphysik auf Rechenprogramme angewiesen.

Das 20. Jahrhundert steht im Zeichen der Wissenschaft. Wir dürfen uns daher nicht wundern, wenn sich diese Haltung auch im Baustil niederschlägt. Was für andere Künste gilt, trifft auch für die Baukunst zu: Jede Epoche ist der Spiegel ihrer Zeit.

Handwerkliche Baukunst

Ingenieurbaukunst

1.2 Das Gebäude der Wissenschaft

Physik ist eine Naturwissenschaft. Ihr Ziel ist die Erforschung und mathematische Formulierung der Naturgesetze. Sie befasst sich vorwiegend mit der unbelebten Materie. Dank dieser Einschränkung zählt sie – im Gegensatz etwa zur Biologie – zu den exakten Wissenschaften.
Obwohl bei der Naturforschung der materielle Nutzen nicht im Vordergrund steht, dienen die physikalischen Erkenntnisse als Grundlage für die auf praktische Anwendung ausgerichteten Ingenieur-Wissenschaften (Technik).
Mathematik, Physik und Chemie werden daher auch als Grundlagen-Wissenschaften bezeichnet. Sie bilden das solide Fundament, auf dem die technischen Wissenschaften aufbauen.

1.2.1 Bauphysik in der Wissenschaftpyramide

Bauphysik ist ein Teilgebiet der Bautechnik und daher den Ingenieur-Wissenschaften zuzuordnen. Sie ist das jüngste Kind in der Familie der Wissenschaften und noch kaum 50 Jahre alt. Viele Dinge sind deshalb noch im Fluss, und laufend kommen neue Erkenntnisse hinzu.
Mit zunehmender Entfernung von der Basis der Pyramide nimmt die Genauigkeit einer Wissenschaft ab, der Bezug zum Erfahrungsbereich des Alltags hingegen zu. Es scheint, als würden sich Präzision der exakten und Lebensnähe der pragmatischen Wissenschaften gegenseitig ausschliessen.
Die Chemie nimmt insofern eine Sonderstellung ein, als gewisse Teile zu den Grundlagen, andere zum Ingenieurbereich gehören.

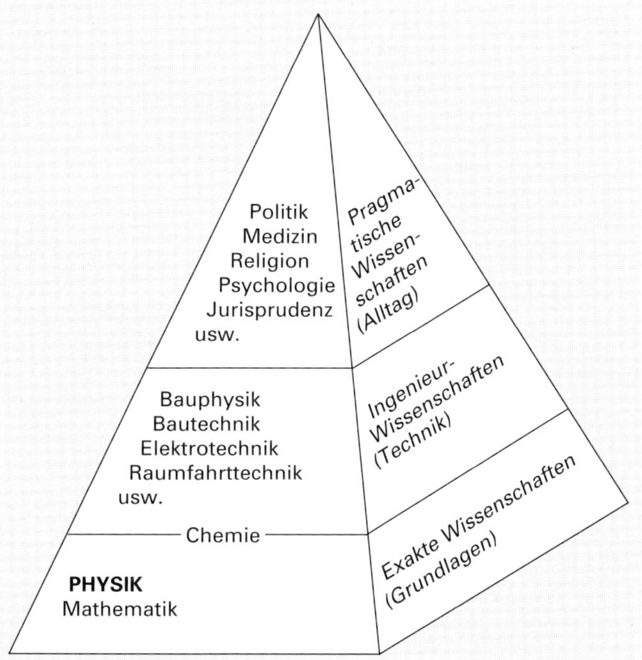

Pyramide der Wissenschaften

1.2.2 Physik und Chemie

Die Trennung zwischen Physik und Chemie ist nicht scharf. Es gibt zahlreiche Grenzgebiete (Geologie, physikalische Chemie, Metallurgie). Als grobes Unterscheidungsmerkmal gilt:

PHYSIK	CHEMIE
Studium der Naturgesetze	Studium der Stoffumwandlungen

Illustration am Beispiel eines Holzklotzes:

physikalische Vorgänge:	wägen, werfen, schwimmen lassen
chemische Vorgänge:	brennen, verkoksen, faulen

Die Entwicklung und Herstellung neuer Substanzen (Supraleiter, Kunststoffe, Medikamente usw.) werden oft durch theoretische Studien eingeleitet, müssen dann aber in langwierigen Versuchsreihen auf ihre praktische Tauglichkeit ausgetestet werden (Korrosionsbeständigkeit, Wirksamkeit usw.)
Die Fabrikation von neuen chemischen Substanzen ist Aufgabe der Verfahrenstechnik.

1.3 Hierarchischer Aufbau der Materie

Ohne ein minimales Verständnis des Aufbaus der Materie können heute selbst die einfachsten Zusammenhänge aus Physik, Bauphysik, Chemie und Bauchemie nicht sinnvoll dargestellt werden. Als zentrale Aussage soll die Strukturierung der Materie in *vier hierarchische Ebenen* an die Spitze gestellt werden. Diese Sicht der Dinge erlaubt uns, mit wenig Aufwand Ordnung in die ungeheure Vielfalt der materiellen Dinge unserer Umwelt zu bringen.
Als Beispiel seien die zahllosen vergeblichen Experimente der Alchemisten erwähnt, welche versuchten, aus anderen Substanzen Gold herzustellen. Rückblikkend ist für uns offensichtlich, dass diese Versuche scheitern mussten. Zur künstlichen Herstellung von Gold ist ein Eingriff in den Atomkern erforderlich. Mit Werkzeugen der Chemie kann diese Ebene jedoch nicht erschlossen werden.
Nach Auffassung der alten Griechen vor über 2000 Jahren besteht die Materie aus kleinsten, unteilbaren Atomen. Seit den Arbeiten von Rutherford um 1911 wissen wir, dass Atome nicht unteilbar, sondern aus noch kleineren Bestandteilchen zusammengesetzt sind. Atome bestehen aus einer lockeren Hülle aus negativen Elektronen und einem kleinen, harten, positiv geladenen Kern aus Protonen und Neutronen. Sämtliche chemischen Vorgänge spielen sich nur in der Atomhülle ab. Die Protonen und Neutronen im Atomkern werden auch als Nukleonen (Kernteilchen) bezeichnet.
Proton, Neutron und Elektron bilden die unterste *hierarchische Ebene der Elementarteilchen.*

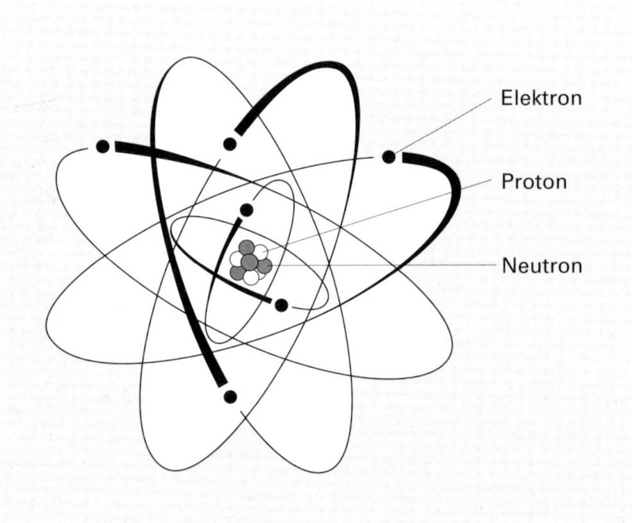

Planetenmodell eines Atoms

Das einfachste Atom besteht aus einem Proton im Kern und einem Elektron in der Hülle und heisst Wasserstoffatom.
Die Anzahl Protonen im Kern bestimmt die Atomsorte und die Stellung im Periodensystem. Sie heisst daher Ordnungszahl Z.

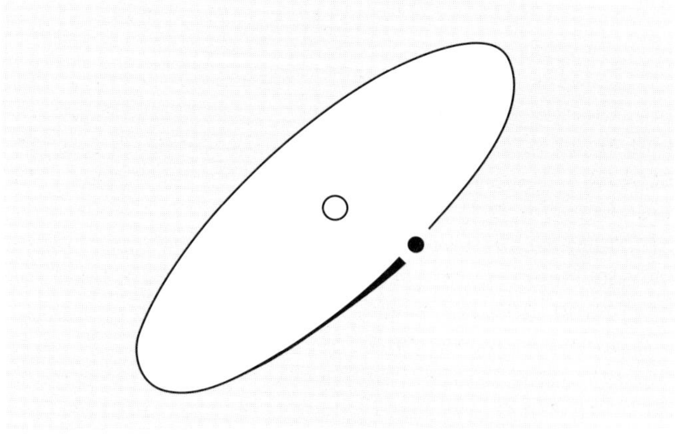

Gewöhnlicher Wasserstoff: Symbol ^{1}H (Hydrogenium)

Besitzt eine Atomsorte Varianten mit einer unterschiedlichen Anzahl Neutronen, so sprechen wir von Isotopen. Sie verhalten sich chemisch gleich, sind aber verschieden schwer.
Als Beispiel seien die beiden Wasserstoff-Isotope erwähnt, welche im Zusammenhang mit der Kernspaltung und Kernfusion eine zentrale Bedeutung erlangt haben.

schwerer Wasserstoff:

Symbol ^{2}H
(Deuterium)

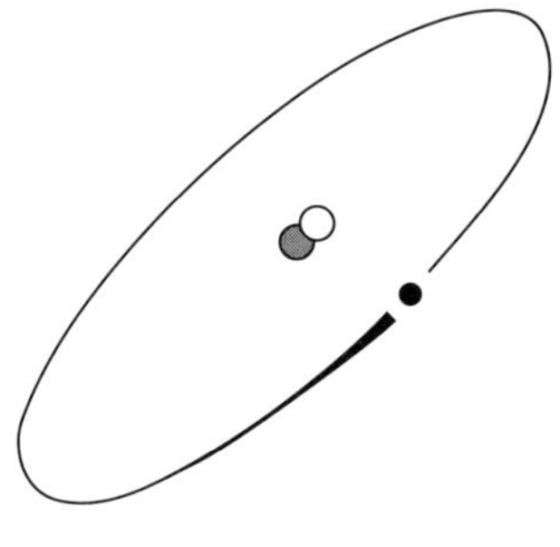

Superschwerer Wasserstoff:

Symbol ^{3}H
(Tritium)

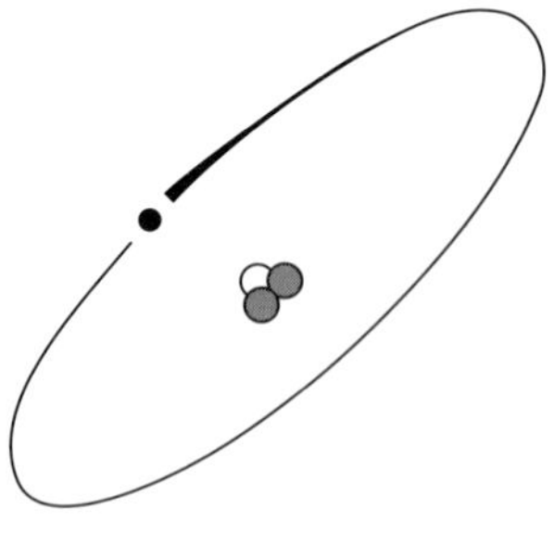

Alle Isotope der gleichen Atomsorte nennt man ein Element. Im Bereich der Kernphysik und der Radioaktivität spielen die Isotope eine wichtige Rolle. In der Chemie sind sie von untergeordneter Bedeutung.
Im Laufe der Jahrhunderte wurden immer mehr Elemente entdeckt. Sie werden heute meistens in der Form einer zweidimensionalen Tafel angeordnet, so dass Vertreter mit ähnlichen Eigenschaften untereinander zu stehen kommen (*hierarchische Ebene der Elemente*).
So sind z.B. alle Elemente der letzten Kolonne chemisch inert und heissen daher Edelgase.

1.3 Hierarchischer Aufbau der Materie

1.3.1 Periodentafel von Mendelejew (1869)

Zur Zeit von Mendelejew (1869) hatte die Periodentafel noch zahlreiche Lücken. Wegen der Verwandtschaft der einzelnen Gruppen konnten gewisse Eigenschaften der noch ausstehenden Elemente vermutet werden. So hat Mendelejew z.B. die Existenz des Elementes Germanium vorausgesagt und sogar seine Dichte mit ρ = 5,5 g/cm^3 recht genau erraten. Eine Erklärung für die innere Gesetzmässigkeit des Systems hatte Mendelejew nicht. Sie wurde erst nach der Entdeckung der Quantentheorie durch Wolfgang Pauli möglich.

Heute kennen wir 92 natürliche und etwa ein Dutzend künstliche Elemente. Sie stehen als Rohmaterial für die Herstellung von neuen Substanzen zur Verfügung. Die künstlichen Elemente mit Z > 92 nennt man auch Transurane.
Das Zusammenfügen von Atomen zu Molekülen (Synthese), sowie das Zerlegen der Moleküle in Atome (Analyse) ist das eigentliche Arbeitsfeld der Chemie.
Die Tabelle auf der nächsten Seite zeigt die heute bekannten Elemente in alphabetischer Reihenfolge mit Symbol und jeweiliger Ordnungszahl Z.

Beispiele:
Gold: Symbol Au (Aurum), Ordnungszahl Z = 79
Kupfer: Symbol Cu (Cuprum), Ordnungszahl Z = 29

Mendelejews Voraussage	Beobachtete Eigenschaften
Atommasse ungefähr 72 u	Atommasse 72,59 u
Dunkelgraues Metall	Weisslichgraues Metall
Dichte 5,5 g/cm^3	Dichte 5,36 g/cm^3
spezifische Wärme 0,073 cal/g°C	spezifische Wärme 0,076 cal/g°C

Vorausgesagte und beobachtete Eigenschaften von Germanium

Einheiten:
1 cal = 4,18 J (alte Energieeinheit)
1 u = 1,66 · 10^{-24} g (atomare Masseneinheit)

H 1																	He 2
Li 3	Be 4											B 5	C 6	N 7	O 8	F 9	Ne 10
Na 11	Mg 12											Al 13	Si 14	P 15	S 16	Cl 17	Ar 18
K 19	Ca 20	Sc 21	Ti 22	V 23	Cr 24	Mn 25	Fe 26	Co 27	Ni 28	Cu 29	Zn 30	Ga 31	Ge 32	As 33	Se 34	Br 35	Kr 36
Rb 37	Sr 38	Y 39	Zr 40	Nb 41	Mo 42	Tc 43	Ru 44	Rh 45	Pd 46	Ag 47	Cd 48	In 49	Sn 50	Sb 51	Te 52	I 53	Xe 54
Cs 55	Ba 56	La 57	Hf 72	Ta 73	W 74	Re 75	Os 76	Ir 77	Pt 78	Au 79	Hg 80	Tl 81	Pb 82	Bi 83	Po 84	At 85	Rn 86
Fr 87	Ra 88	Ac 89	Th 90	Pa 91	U 92	Np 93	Pu 94	Am 95									

Periodensystem (ohne Lanthaniden, Z = 58 bis 71)

1.3.2 Tabelle der chemischen Elemente (alphabetisch)

Element	Symbol	Ordnungszahl
Actinium	Ac	89
Aluminium	Al	13
Americium	Am	95
Antimon	Sb	51
Argon	Ar	18
Arsen	As	33
Astat	At	85
Barium	Ba	56
Berkelium	Bk	97
Beryllium	Be	4
Blei	Pb	82
Bor	B	5
Brom	Br	35
Cadmium	Cd	48
Caesium	Cs	55
Calcium	Ca	20
Californium	Cf	98
Cer	Ce	58
Chlor	Cl	17
Chrom	Cr	24
Curium	Cm	96
Dysprosium	Dy	66
Einsteinium	Es	99
Eisen	Fe	26
Erbium	Er	68
Europium	Eu	63
Fermium	Fm	100
Fluor	F	9
Francium	Fr	87
Gadolinium	Gd	64
Gallium	Ga	31
Germanium	Ge	32
Gold	Au	79
Hafnium	Hf	72
Helium	He	2
Holmium	Ho	67
Indium	In	49
Iod	I	53
Iridium	Ir	77
Kalium	K	19
Kobalt	Co	27
Kohlenstoff	C	6
Krypton	Kr	36
Kupfer	Cu	29
Kurtschatowium	Ku	104
Lanthan	La	57
Lawrencium	Lw	103
Lithium	Li	3
Lutetium	Lu	71
Magnesium	Mg	12
Mangan	Mn	25
Mendelevium	Md	101
Molybdän	Mo	42
Natrium	Na	11
Neodym	Nd	60
Neon	Ne	10
Neptunium	Np	93
Nickel	Ni	28
Niob	Nb	41
Nobelium	No	102
Osmium	Os	76
Palladium	Pd	46
Phosphor	P	15
Platin	Pt	78
Plutonium	Pu	94
Polonium	Po	84
Praseodym	Pr	59
Promethium	Pm	61
Protactinium	Pa	91
Quecksilber	Hg	80
Radium	Ra	88
Radon	Rn	86
Rhenium	Re	75
Rhodium	Rh	45
Rubidium	Rb	37
Ruthenium	Ru	44
Samarium	Sm	62
Sauerstoff	O	8
Scandium	Sc	21
Schwefel	S	16
Selen	Se	34
Silber	Ag	47
Silicium	Si	14
Stickstoff	N	7
Strontium	Sr	38
Tantal	Ta	73
Technetium	Tc	43
Tellur	Te	52
Terbium	Tb	65
Thallium	Tl	81
Thorium	Th	90
Thulium	Tm	69
Titan	Ti	22
Uran	U	92
Vanadium	V	23
Wasserstoff	H	1
Wismut	Bi	83
Wolfram	W	74
Xenon	Xe	54
Ytterbium	Yb	70
Yttrium	Y	39
Zink	Zn	30
Zinn	Sn	50
Zirkonium	Zr	40

1.3 Hierarchischer Aufbau der Materie

Die aus Atomen zusammengesetzten chemischen Verbindungen, deren Zahl praktisch unbeschränkt ist, bilden die nächst höhere *hierarchische Ebene der reinen Stoffe*. Die kleinsten Einheiten der reinen Stoffe heissen Moleküle.
Mit Hilfe der chemischen Formelsprache kann das Zusammenfügen von Atomen zu Molekülen sehr übersichtlich dargestellt werden.

Einige Beispiele chemischer Verbindungen:

$O + O \Longrightarrow O_2$ = Natürlicher Sauerstoff

$O + O + O \Longrightarrow O_3$ = Ozon

$C + O + O \Longrightarrow CO_2$ = Kohlendioxid

$H + H + O \Longrightarrow H_2O$ = Wasser

Was man der symbolischen Formel nicht ansieht, sind die inneren Eigenschaften und die Wirkungen der Substanzen auf den Menschen. So ist z.B. der natürliche Sauerstoff O_2 für Mensch und Tier lebenswichtig, die Substanz Ozon O_3 aber in grossen Mengen schädlich. Dieses «Überraschungsmoment» bezüglich der Qualität der verschiedenen Stoffe ist einer der Gründe, weshalb die Chemie eine eigenständige Naturwissenschaft bleiben wird.
Auch die räumliche Struktur eines Moleküls, welche für die Bindungsneigung wichtig ist, kann mit Hilfe der symbolischen Formelsprache nicht ausgedrückt werden. Für grobe Darstellungen begnügen wir uns häufig mit dem Kugel- oder Kalottenmodell.

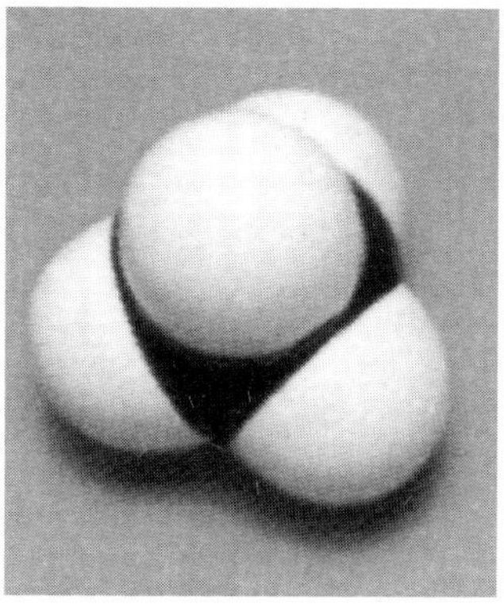

Beispiel: Kalottenmodell von Methan CH_4

Beliebige Gegenstände unserer Umwelt bilden die *oberste hierarchische Ebene der gewöhnlichen Dinge*.
So besteht z.B. der Mensch (*Gegenstand*) grösstenteils aus Wasser (*reiner Stoff*), dieses aus Sauerstoff und Wasserstoff (*Elemente*) und diese aus Protonen, Elektronen und Neutronen (*Elementarteilchen*).

Zum Schluss noch ein Beispiel zum hierarchischen Aufbau aus dem Bereich der anorganischen Materie anhand eines Granitsteins.

Hierarchiestufe	Vertreter	Beispiel
Gegenstand	beliebiger Körper	Granitstein 
Reiner Stoff (chemische Verbindung)	Molekül	Feldspat Glimmer Quarz SiO_2 
Element	Atom	O (Oxigenium, Sauerstoff) $Z = 8$ 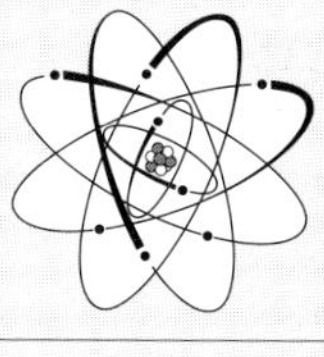
Elementarteilchen (stabile)	Elektron Proton Neutron	8 Elektronen 8 Protonen 8 Neutronen

Hierarchischer Aufbau Granitstein

1.4 Energie und Umwelt

1.4.1 Energiekonsum

In den letzten Jahren ist die Energie zu einem gesellschaftspolitischen Schlagwort geworden. Physikalisch ist Energie eine messbare Grösse, welche einem Erhaltungssatz genügt, das heisst: Energie kann weder erzeugt noch vernichtet, sondern lediglich von einer Form in eine andere umgewandelt werden.
Die Tatsache, dass Energie den Status einer gesellschaftlichen und politischen Grösse einnehmen konnte, hat mehrere Gründe.
Nach dem zweiten Weltkrieg wurde die Kohle allmählich vom bequemeren Öl verdrängt. Die Komfortansprüche und die Energieumsätze nahmen sprunghaft zu (siehe Grafik; Quelle: Kohn M. Energieszene Schweiz).

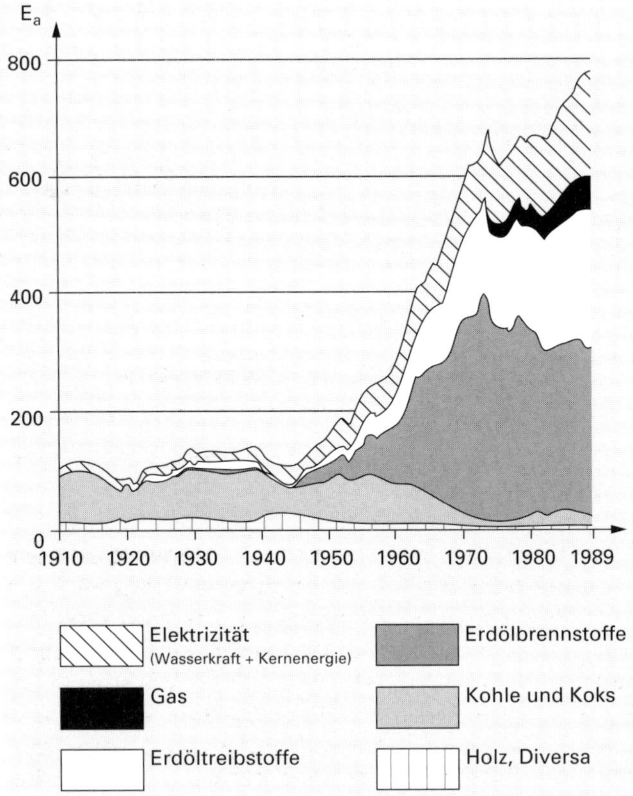

Endenergiekonsum der Schweiz in 1000 TJ

Unter *Endenergie* versteht man diejenige Energie, welche dem Benutzer unmittelbar ins Gebäude geliefert wird. Sie kann von der *Primärenergie*, wie sie uns unmittelbar von der Natur angeboten wird, betragsmässig beachtlich abweichen. Primärenergieträger ist zum Beispiel Uran. Nach der Umwandlung in Elektrizität in einem Kernkraftwerk und den anschliessenden Verlusten durch Übertragung und Transformation steht höchstens noch ein Drittel als Endenergie zur Verfügung. Wird schliesslich damit eine Glühlampe betrieben, so gehen nochmals über 90 % in Form von Abwärme verloren, bis ein Teil der ursprünglichen Primärenergie endlich die letzte Stufe *Nutzenergie* in Form von Licht erreicht hat.
Dies ist ein typisches Beispiel, wie die Energie durch Bereitstellung, Transport und Umwandlung zwar nicht verloren geht, aber allmählich degradiert, das heisst aus der Sicht des Bezügers entwertet wird (siehe auch Abschnitt 3.6. Exergie und Anergie).

In der Schweiz stieg der Energieverbrauch von 1950 bis 1970 fast auf das Vierfache. Im Jahre 1973 wurden die westlichen Industrienationen vom ersten Erdölschock wachgerüttelt.
Die im folgenden eingeleiteten Sparbemühungen hatten teilweise Erfolg. In den Jahren 1973 bis 1986 nahm der Energiekonsum nur noch wenig zu. Insbesondere ging der Anteil des Öls absolut und prozentual zurück. Welcher Anteil dieser Reduktion auf bewusste Sparanstrengungen und welcher auf die rezessive Wirtschaftslage zurückzuführen ist, kann nicht genau ausgemacht werden.
Nach 1982 stieg der Gesamtenergieverbrauch wieder rapide an. Die Zuwachsraten erreichten Werte wie in den 60er Jahren, als der Siegeszug des Erdöls den Höhepunkt erreicht hatte. Allerdings ging der Anteil der fossilen Brennstoffe (ohne Gas) weiterhin leicht zurück. Dieser Rückgang wurde aber durch einen Mehrverbrauch an Elektrizität und Erdgas weitgehend kompensiert. Zugenommen hat der Verbrauch von Erdöltreibstoffen infolge des wachsenden Motorfahrzeugverkehrs.

1.4.2 Energie-Reserven, Schadstoffe, Treibhauseffekt

Während die Ölkrise im Jahre 1973 noch den Eindruck einer Mangelsituation erwecken konnte, ist die Befürchtung einer Verknappung der Ressourcen heute mehr und mehr in den Hintergrund getreten. Von einem Energieengpass kann in absehbarer Zeit keine Rede sein. Seit mehr als 30 Jahren werden die gesicherten Ölreserven stets mit etwa 30 Jahren angegeben. Sie nahmen paradoxerweise in den letzten Jahren nicht ab, sondern leicht zu. Selbst beim heutigen Verbrauch von weltweit etwa 8 Milliarden Tonnen Öl (1960 waren es noch 3 Milliarden), reichen die gesicherten Vorräte noch für mehrere Jahrhunderte. Sollte der mehrfach angekündigte Durchbruch in der Kernfusionsforschung wirklich erfolgen, so wären die Energiereserven für menschliche Begriffe unerschöpflich.

Energieinhalt verschiedener Brennstoffe (Richtwerte)

Energieträger	Menge	MJ	kWh
Benzin	1 kg	47	13
Heizöl EL	1 kg	43	12
Methan	1 m³ *	36	10
Erdgas	1 m³ *	33	9
Steinkohle	1 kg	30	8
Holz	1 kg	15	4
Braunkohle	1 kg	8	2,3
Müll	1 kg	8	2,3
Uran ^{235}U-Isotop	1 kg	80'000'000	23'000'000

* bei Normalbedingungen

Umrechnungsfaktoren für Energie-und Leistungseinheiten
Energie: 1 cal = 4,18 J
1 kWh = 3,6 MJ
Leistung: 1 kcal/h = 1,163 W

Die Probleme im Zusammenhang mit dem Energiehunger der Menschheit liegen anderswo. Nicht eine allfällige Energieknappheit, sondern die durch die Verbrennung fossiler Energieträger entstehenden schädlichen Emissionen gebieten eine sparsamere Nutzung.
Allerdings gehen die Meinungen darüber, wie stark Mensch und Umwelt durch diese Schadstoffe beeinträchtigt werden, weit auseinander. Zum Teil liegt dies in der Natur der Sache, sind doch die Zusammenhänge bei der Entstehung, Verbreitung und Deponierung von Schadstoffen recht kompliziert und noch nicht in allen Details geklärt. So ist das Ozon in den bodennahen Luftschichten für den Menschen schädlich, in der Stratosphäre jedoch als Schutzschild gegen UV-Strahlung nützlich.
Zum Teil stecken hinter den oft heftig geführten Umweltdebatten aber auch handfeste Eigeninteressen von politischen, wirtschaftlichen und anderen gesellschaftlichen Gruppierungen. Auf jeden Fall ist die Liste von echten oder vermeintlichen Schadstoffen in Luft, Wasser und Boden im Laufe der letzten Jahre stetig angewachsen.

Emission und Immission von Schadstoffen

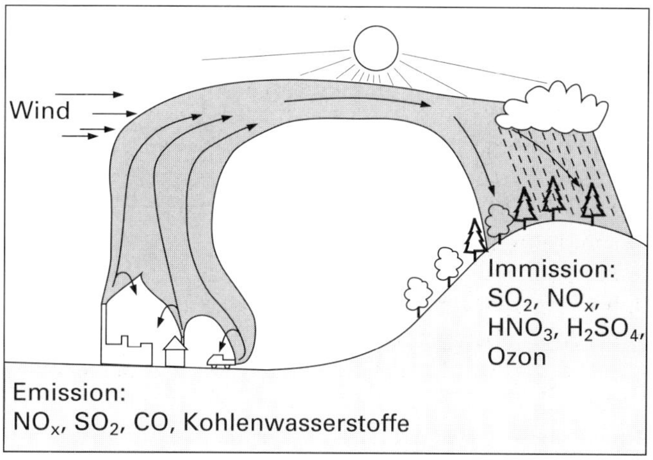

Normalwetterlage

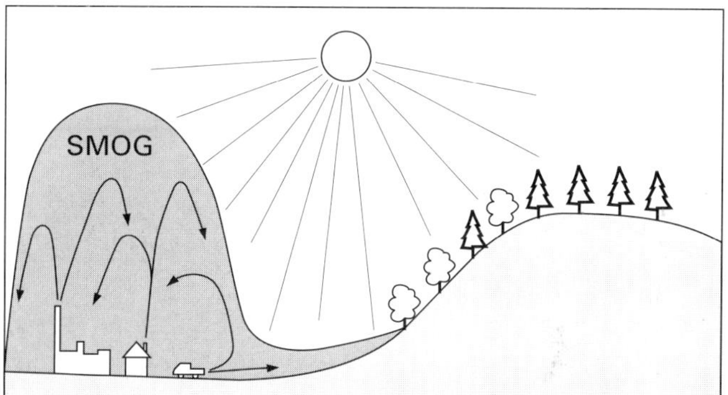

Inversionswetterlage

An letzter Stelle im Katalog der Problemstoffe finden wir das Kohlendioxid, ein in geringer Konzentration harmloses Gas, welches bei der Verbrennung von fossilen Energieträgern freigesetzt wird. Gemäss Aussagen der Wissenschaftler anlässlich der Weltklimakonferenz in Genf (1990) wird bei ungebrochener Zunahme des fossilen Energieverbrauchs die Temperatur der Erdatmosphäre in den nächsten 100 Jahren infolge des Treibhauseffekts um einige Grad zunehmen. Als Folge davon wird der Meeresspiegel leicht ansteigen, und die regionalen klimatischen Verhältnisse werden sich langsam verschieben. Will man diesen vom Menschen in Gang gesetzten Prozess, welcher übrigens nicht mehr zu stoppen ist, stabilisieren, so müssen die Industrieländer versuchen, an Stelle von Öl, Gas oder Kohle vermehrt CO_2-freie Energien zu forcieren, nämlich
- Kernenergie
- Wasserkraft
- Sonnenenergie.

10 Betrachtet man die Entwicklung des Weltenergiebedarfs und die anteilmässige Zusammensetzung der einzelnen Energieträger, so muss bei nüchterner Bewertung der Schluss gezogen werden, dass trotz bescheidener Zunahme der Kernenergienutzung und erneuerbarer Energieanteile (Sonne, Wind), der CO_2-Ausstoss weiterhin zunehmen wird. Dafür werden allein schon die Entwicklungs- und Schwellenländer mit ihrer überproportionalen Bevölkerungszunahme sorgen.

1.4.3 Energie als Wirtschaftsmotor

Falls die Industriestaaten mit 20% der Erdbevölkerung und 80% des Weltenergiekonsums das Ruder wirklich herumwerfen möchten, so gelänge dies nur über eine Drosselung des Wirtschaftswachstums, eine Forderung, welche politisch kaum durchsetzbar sein wird. Die untenstehende Grafik zeigt, dass zwischen Bruttosozialprodukt und Energieverbrauch eines Landes eine Abhängigkeit besteht.

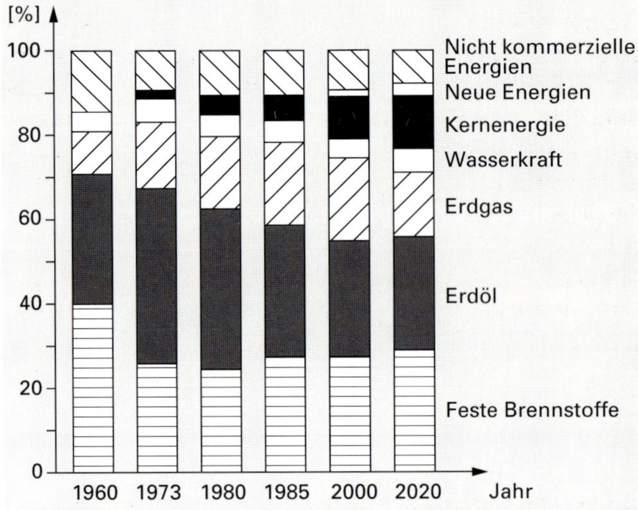

Struktur der Weltenergiebedarfsdeckung nach Energieträgern

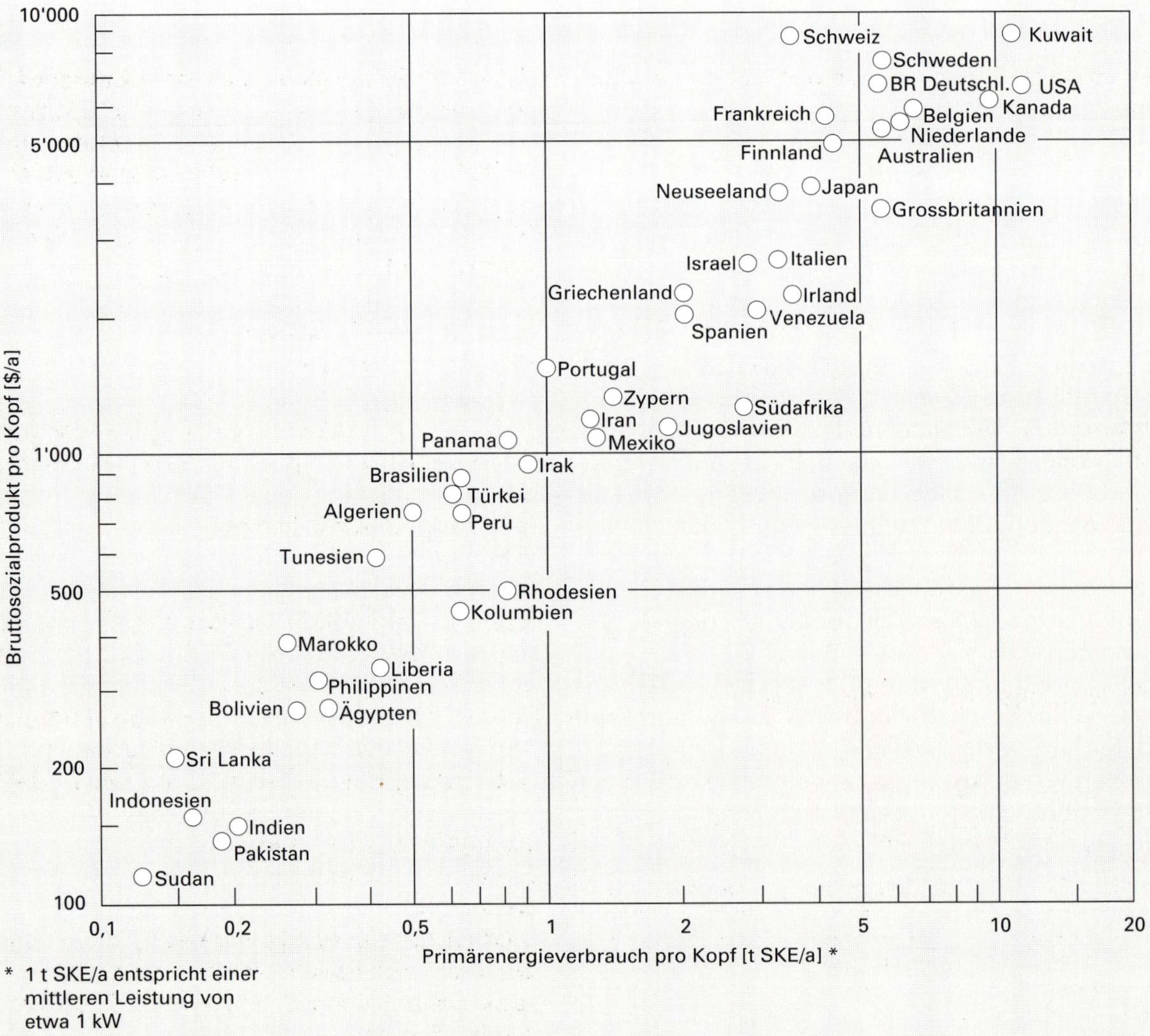

Primärenergieverbrauch und Bruttosozialprodukt (1974)

1.5 Das physikalische Instrumentarium

1.5.1 Physikalische Grössen, Masseinheiten

Physik ist eine spezielle Sprache. Sie beschreibt mit abstrakten Begriffen die Zustände und das Verhalten der materiellen Körper in der Natur. Der wichtigste Begriff ist die *physikalische Grösse*. Sie muss messbar sein. Dazu sind Masseinheiten nötig. Sämtliche Einheiten sind von wenigen Basiseinheiten abgeleitet. In der Mechanik genügen 3 Basiseinheiten: Meter, Sekunde und Kilogramm.
Alle Natur- und Materialgesetze der Physik lassen sich als mathematische Gleichungen zwischen physikalischen Grössen formulieren.

Grössengleichung: Energie = Leistung • Zeit

Einheitengleichung: Wattsekunde = Watt • Sekunde = Ws = Joule = J

Mit Symbolen: $E = P \cdot t$

Merke:
Jede physikalische Grösse ist ein Produkt aus Masszahl und Masseinheit.

Beispiel:

Energie $E = 777'921$ TJ *

$T = 10^{12} = 1'000'000'000'000$
= 1 Billion

* Energiekonsum der Schweiz im Jahre 1989

1.5.2 Abkürzungen für Zehnerpotenzen

Faktor	10^{12}	10^{9}	10^{6}	10^{3}	10^{2}	10^{1}
Symbol	T	G	M	k	h	da
Abkürzung	Tera	Giga	Mega	Kilo	Hekto	Deka

Faktor	10^{-1}	10^{-2}	10^{-3}	10^{-6}	10^{-9}	10^{-12}
Symbol	d	c	m	µ	n	p
Abkürzung	Deci	Centi	Milli	Micro	Nano	Pico

1.5.3 Die sieben Basisgrössen mit Einheiten

Basisgrösse: **Länge**
Einheit: Meter
Definition:
1 m ist die Strecke, die das Licht im Vakuum während 1/299'792'458 s durchläuft.

Basisgrösse: **Zeit**
Einheit: Sekunde
Definition:
1 s ist das 9'192'631'770-fache der Periodendauer der Strahlung, die beim Uebergang von Cäsium-133-Atomen zwischen den beiden Hyperfeinstrukturniveaus des Grundzustandes entsteht.

Basisgrösse: **Masse**
Einheit: Kilogramm
Definition:
1 kg ist die Masse des Internationalen Kilogramm-Prototyps.

Basisgrösse: **Stromstärke**
Einheit: Ampere
Definition:
1 A ist die Stärke eines zeitlich unveränderlichen Stromes, der, durch zwei im Vakuum parallel im Abstand von 1 m angeordnete, geradlinige und unendlich lange Leiter von vernachlässigbar kleinem, kreisförmigem Querschnitt fliessend, zwischen diesen Leitern eine elektromagnetische Kraft von $2 \cdot 10^{-7}$ N pro 1 m Leiterlänge hervorrufen würde.

Basisgrösse: **Temperatur**
Einheit: Kelvin
Definition:
1 K ist der 273,16-te Teil der thermodynamischen Temperatur des Tripelpunktes von Wasser.

Basisgrösse: **Stoffmenge**
Einheit: mol
Definition:
1 mol ist die Menge eines Stoffes, die aus ebensoviel Atomen beziehungsweise Molekülen besteht wie 0,012 kg Kohlenstoff 12.
Bei Verwendung dieser Einheit muss angegeben werden, auf welche Einzelteilchen (Atome, Moleküle oder auch Ionen, Elektronen etc.) man sich bezieht.

Basisgrösse: **Lichtstärke**
Einheit: Candela
Definition:
1 cd ist die Lichtstärke senkrecht zu $\frac{1}{6} \cdot 10^{-5}$ m² der Oberfläche eines schwarzen Strahlers bei der Temperatur des bei einem Druck von 101'325 kg/ms² erstarrenden Platins.

1.5.4 Die am Bau auftretenden Phänomene

Die stetige Zunahme der Spezialisierung im Bauwesen sowie die stets steigenden Wünsche der Bewohner nach Ruhe, Behaglichkeit, Bequemlichkeit, Gesundheit etc. brachten es mit sich, dass immer mehr physikalische Phänomene aus fast allen Gebieten der klassischen Physik eine technische Bedeutung am Bau erlangt haben. Die folgende Aufzählung mag andeuten, wieviele Teilgebiete bereits in die Bauphysik eingedrungen sind.

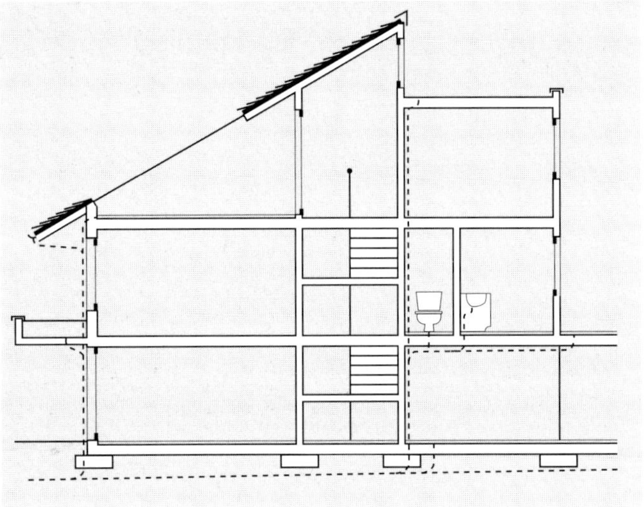

Mechanik:
Statik, Strömungslehre, Verformung, Schwingungen

Wärmelehre:
Wärme als Energieform, Wärmeleitung, Konvektion, Strahlung, Zustandsgleichung, Feuchtigkeit, Sättigungsdruck

Akustik:
Bau- und Raumakustik, Lärmbekämpfung

Optik:
Reflexion, Transmission, Absorption von Sonnenstrahlung, Tageslicht, Sonnenschutz

Elektrizitätslehre:
Energieversorgung, Hausinstallationen, Steuerungs- und Regeltechnik, Heizung, Beleuchtung, Haustechnik

Atom- und Kernphysik:
Schutzräume, Radioaktivität (Radon), Abschirmungen, Filter

1.5.5 Integrale Denkweise

Wie bereits erwähnt, dringt die wissenschaftliche Denkweise zunehmend in die Baubranche ein. Immer mehr Fachleute sind in verschiedenen Branchen interdisziplinär tätig. Um die Grundprinzipien der Physik nicht mehrmals in unterschiedlicher Sprache lernen zu müssen, wird in diesem Abschnitt der Versuch unternommen, die wichtigsten physikalischen Phänomene am Bau unter einem einheitlichen Gesichtspunkt zusammenzufassen (integrales physikalisches Denken).
Die physikalischen Gesetze sind dieselben, ob sie auf einen Heizkörper, eine Fussbodenheizung oder auf einen Sonnenkollektor angewendet werden.
Fast alle Vorgänge können auf wenige Phänomene zurückgeführt und mit denselben Grundprinzipien analysiert werden. Die wichtigsten Überlegungen kommen in verschiedenen Gebieten in analoger mathematischer Form stets wieder vor.
Da die geometrischen Systemabgrenzungen, welche zum Erstellen von Bilanzen unerlässlich sind, bei elektrischen Netzwerken am wenigsten Schwierigkeiten bereiten, werden wir die integrale Denkweise am einfachen Fall des elektrischen Gleichstroms vorstellen und nachher sinngemäss auf die Gebiete

- **Wärme**
- **Dampfdiffusion**
- **Luftströmung**
- **Wasserströmung**

übertragen. Im Hintergrund steht immer die technische Anwendung in der Baubranche. Dies erfordert gelegentlich eine Vereinfachung der Theorie zugunsten einer handlichen Anwendung.

1.5.6 Erläuterung der allgemeinen Grundprinzipien

a) Die Erhaltungsgrösse
Es existiert eine mengenartige Grösse, welche gezählt und gemessen werden kann. Verschwindet ein Teil an einem Ort, so muss die gleiche Menge an einem andern Ort wieder auftauchen.

b) Strom und Stromdichte
Die zeitliche Aenderung der Erhaltungsgrösse nennen wir Strom. Der auf die Flächeneinheit bezogene Strom heisst Stromdichte oder Intensität.

c) Potential und Spannung
Damit Strom fliesst, ist eine Ursache nötig. Diese Ursache nennen wir Potential. Der Strom fliesst immer

von höherem zu niedrigerem Potential. Eine Potentialdifferenz nennen wir Spannung. Besitzen zwei Punkte dasselbe Potential, so fliesst kein Strom zwischen ihnen.

d) Das Strömungsgesetz (Widerstand, Leitwert)
Den Spannungen stehen Widerstände entgegen, welche den Strom hemmen. Den Zusammenhang zwischen Spannung und Strom nennen wir Strömungsgesetz. Es ist in vielen Fällen linear. Der Kehrwert des Widerstandes heisst Leitwert. Bei Serieschaltungen stehen vor allem die Widerstände, bei Parallelschaltungen die Leitwerte im Vordergrund.

e) Die Speichergleichung
Fliesst die Erhaltungsgrösse in einen Speicher ohne Abfluss, so wird dieser mit zunehmender Spannung geladen. Der Proportionalitätsfaktor heisst Kapazität. In der Praxis ist das Entladen eines Speichers von Interesse, welches oft nach einer Exponentialfunktion abläuft. Wichtige Kenngrössen sind Zeitkonstante und Halbwertszeit.

Die fünf Grundprinzipien, die Schaltungsregeln zusammen mit den Zustands- und Materialgleichungen, bilden ein Instrumentarium zum Lösen von physikalischen Problemen.
Häufig liegen die Hauptschwierigkeiten nicht in der Physik selbst, sondern in der exakten Festlegung von Systemgrenzen (Geometrie), in der Beschaffung von zuverlässigen Daten und in der optimalen Modellierung.

1.5.7 Zustands- und Materialgleichungen

Nebst den Grundprinzipien braucht es noch diverse Materialgleichungen, welche den Zusammenhang mit den Materialeigenschaften wiedergeben. Die einzelnen Formeln dazu werden in den entsprechenden Abschnitten zusammengestellt. Die wichtigsten Stichworte sind:

Elektrizität
Berechnung von Ohmschem Widerstand, Induktivität, Kapazität, Schein-, Wirk- und Blindleistung, Phasenverschiebung, Berechnung von Impedanzen.

Wärme
Ausdehnungsgesetz, Kompressibilität, allgemeine Gasgleichung, Transportgleichungen für Leitung, Konvektion und Strahlung.

Dampfdiffusion
Gasgemische, Dalton'sches Gesetz, Sättigungsdruck, Kondensation, absolute und relative Feuchtigkeit, Enthalpie, Mollierdiagramm, Aggregatzustandsänderungen.

Luftströmung
Bernoulligleichung, laminare und turbulente Strömung, Reynoldszahl.

Wasserzirkulation
Bernoulligleichung, Rohrreibung.

1.5.8 Formelsatz Elektrizität

Elektrizität	Symbol	Einheit	Gesetz Name
a) Substanz	Q	As	elektrische Ladung
b) Strom	$\frac{\Delta Q}{\Delta t} = I$	A	elektrische Stromstärke
Stromdichte	$\dot{q} = \frac{I}{A}$	A/m^2	
c) Potential	φ	V	Volt
Spannung	U	V	$U = \Delta\varphi$
d) Strömungsgesetz			Ohm'sches Gesetz: $I = \frac{U}{R}$
Widerstand	R	Ω	Ohm
Leitwert	$G = \frac{1}{R}$	S	Siemens
e) Speichergleichung			
Kapazität	C	Farad	$Q = C \cdot U$
Zeitkonstante	τ	s	$\tau = R \cdot C$
Halbwertszeit	$T_{1/2}$	s	$T_{1/2} = \tau \cdot \ln 2$

Formel für:

Widerstand R:

$$R = \frac{l}{\sigma \cdot A}$$

l = Länge des Leiters
σ = elektrische Leitfähigkeit
A= Querschnittsfläche

Leistung P:

$$P = U \cdot I$$

Energieumsatz ΔW:

$$\Delta W = P \cdot \Delta t$$

1.5.9 Die Schaltungsregeln

a) Serieschaltung
Der Strom fliesst durch mehrere Widerstände hintereinander. Er ist überall gleich gross. Es gilt die Kontinuitätsgleichung.
Daraus folgt die Proportionalität von Spannungen und Widerständen. Teilspannungen können zur Gesamtspannung addiert werden.

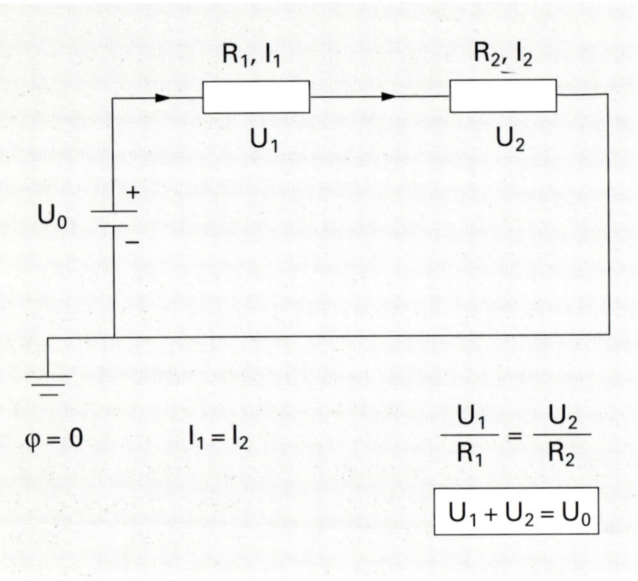

b) Parallelschaltung
Verzweigt sich ein Strom an einer Knotenstelle, so ist der Gesamtstrom gleich der Summe der Teilströme. Dies ist eine Folge des Erhaltungssatzes. Bei kompressiblen Medien wie Luft stimmt der Satz nur für die Masse, nicht für das Volumen. Die Ströme verhalten sich wie die Leitwerte. Teilströme können zum Gesamtstrom addiert werden.

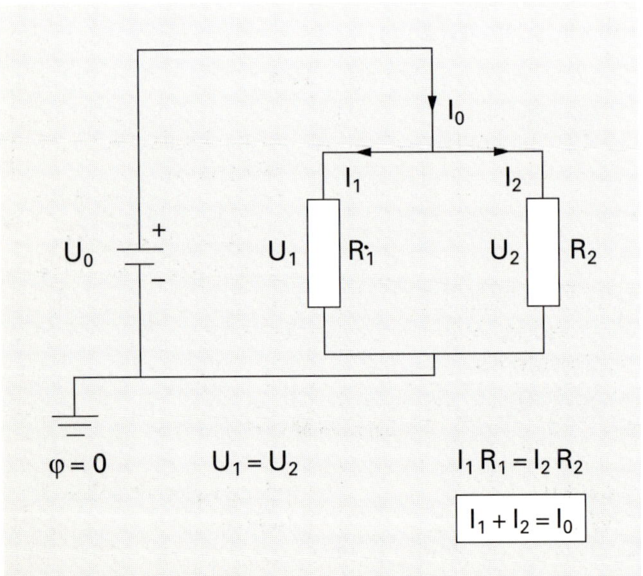

1.5.10 Stationäre und instationäre Vorgänge

In der wirklichen Natur und auch am Gebäude verlaufen fast alle Vorgänge instationär, d.h. die beteiligten Betriebsvariablen wie Luftdruck, Temperatur, Feuchtigkeit, kurz das gesamte Klimageschehen, ändern sich im Laufe der Zeit. Diese zeitlichen Aenderungen sind für das gedankliche Erfassen der Zusammenhänge eine Erschwerung und für die Berechnung eine Komplikation. Auch Materialdaten können sich im Laufe der Zeit verändern.
Da in vielen Fällen die Aenderungen entweder nur langsam verlaufen oder die Schwankungswerte selbst gering sind, kann man in gewissen Fällen auf die exakte instationäre Rechnung verzichten und sich mit Mittelwerten über eine bestimmte Zeit zufriedengeben, z.B. mit mittleren Tagestemperaturen. In anderen Fällen jedoch ist der Vorgang so stark vom instationären Verlauf geprägt, dass eine Näherung nicht möglich ist. Das Laden oder Entladen eines Wärmespeichers ist zum Beispiel ein instationärer Vorgang, bei dem eine Mittelung keinen vernünftigen Sinn ergibt.

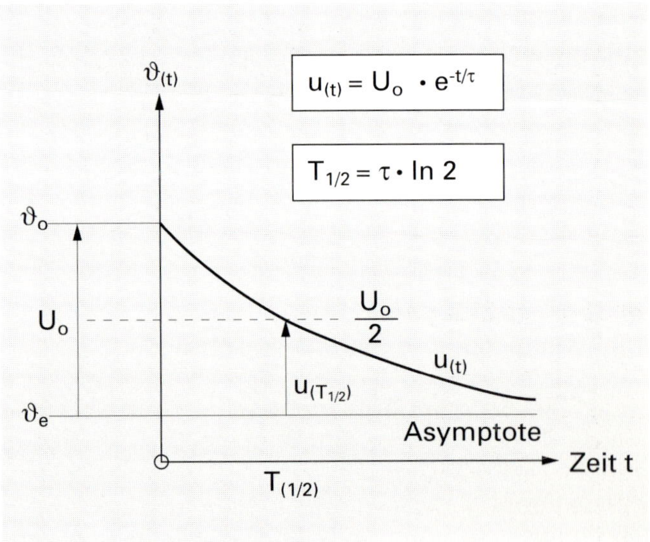

Entladen eines Wärmespeichers

Die Vielfalt der instationären Prozesse ist derart gross, dass eine systematische Behandlung nicht möglich ist. Zudem kommen wir in solchen Fällen nur mit höherer Mathematik (Differentialgleichungen) oder mit Hilfe von Computerprogrammen zum Ziel.
Aber auch beim Anwenden der Computerprogramme kommen immer wieder die gleichen Grundüberlegungen vor. Lediglich bezüglich Genauigkeit, Rechenschnelligkeit und Speicherkapazität sind die Rechner dem Menschen überlegen. Die Resultate von Computerberechnungen sind deshalb nie genauer als die Programme und Daten, mit denen sie gefüttert werden.

Ob ein Vorgang stationär oder instationär behandelt wird, ist von äusserster Wichtigkeit und Tragweite. Es hängt ferner vom gewünschten Ziel der Berechnung ab, ob die eine oder andere Denkweise zulässig ist. Interessiert man sich z.B. bei einem vom Wind angeblasenen Gebäude für die mittleren Lüftungsverluste, so kann eine stationäre Rechnung für ein genügend langes Zeitintervall sinnvoll sein. Steht aber die Festigkeit einzelner Bauteile oder gar die Sicherheit des ganzen Gebäudes zur Diskussion, so muss das instationäre Verhalten des Windes unbedingt berücksichtigt werden, da eine einzige Windböe bereits zu einem Schaden führen kann.
Wir beschränken uns im folgenden auf zwei häufig auftretende instationäre Fälle, welche im Bauwesen eine zentrale Rolle spielen:

a) Periodische Störungen (Schwingungen)

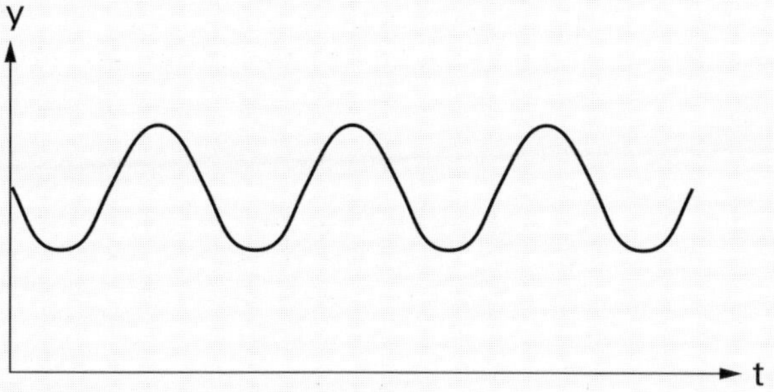

b) Sprungstörungen

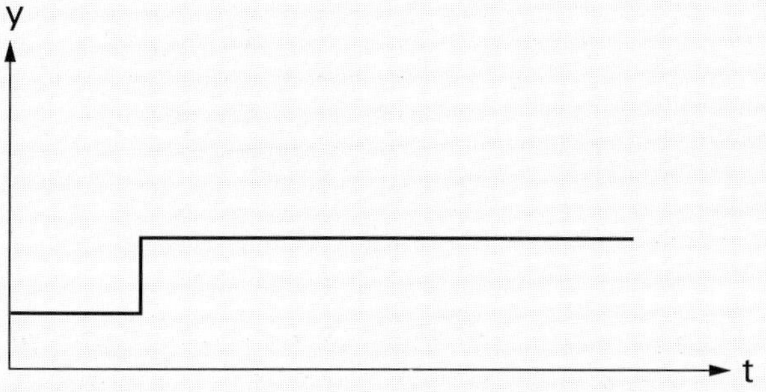

Diese zwei Sonderfälle kommen auch in der Elektro- und Regelungstechnik häufig vor. Da die elektrische Messtechnik gut entwickelt ist, werden sogar oft elektrische Analogiemodelle zur Lösung von mechanischen, thermischen oder hydraulischen Problemen herangezogen. Eine thermische Schwingung einer Periode von einem Tag kann elektrisch in wenigen Sekunden simuliert und ausgemessen werden.

1.5.11 Der Modellcharakter der physikalischen Gesetze

Abstrakte physikalische Begriffe wie «Temperatur», «Wärme» oder «Energie» kommen in der Natur nicht wirklich vor. Sie sind letztlich Erfindungen des Menschen, die er dazu braucht, um über die Natur sprechen, nachdenken und Berechnungen ausführen zu können. Natürlich glauben wir, dass die Begriffe gute Bilder oder Modelle für das sind, was wir in der Natur vorfinden, beobachten und messen können. Trotzdem dürfen wir die Vorstellungen, die wir von den Dingen haben, nicht mit den Dingen selbst verwechseln. Gäbe es aus irgend einem Grunde keine Menschen auf der Erde, so würden Begriffe wie Temperatur, Energie, etc. ihren Sinn verlieren. Die materiellen Dinge jedoch wie Kohle, Erdöl oder die Sonne blieben davon unberührt.
Wann immer wir vor ein technisches Problem oder eine praktische Bauaufgabe gestellt sind, so haben wir es zuerst mit Dingen zu tun. Wir haben zum Beispiel ein Wasserbecken mit warmem Wasser und möchten wissen, ob wir nachts eine Abdeckung vorsehen sollen oder nicht. Diese und ähnliche Fragen sind an sich nicht streng mathematisch oder physikalisch lösbar. Wir müssen sie zuerst in ein Problem umwandeln, in welchem nur noch physikalische Grössen vorkommen. Diese Umwandlung oder Transformation nennen wir in der Physik Modellierung.
Erst das von Ungenauigkeiten und Nebensächlichkeiten befreite Problem kann nun mit den physikalischen Gesetzen, die wir im nächsten Abschnitt zusammenstellen, behandelt werden.
Die Lösung des physikalischen Problems muss schliesslich interpretiert und aus den Resultaten müssen praktische Schlüsse gezogen werden.

Schematisch kann dieses Vorgehen wie folgt dargestellt werden:

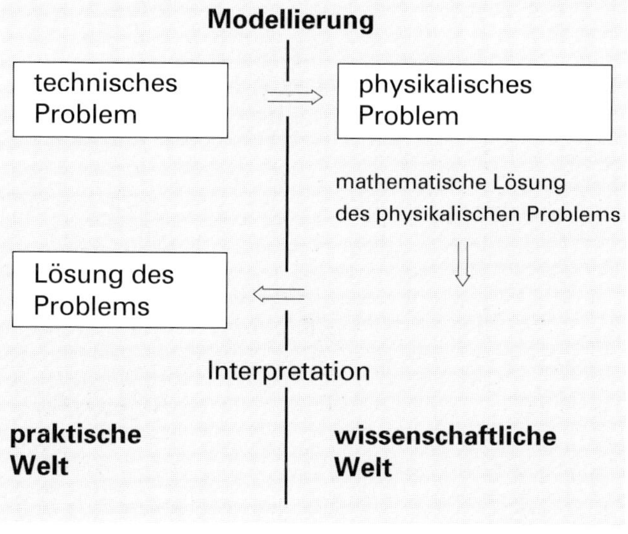

1.5 Das physikalische Instrumentarium

Ist der beschriebene Weg über eine Berechnung zu aufwendig oder zu umständlich, so vertrauen wir gelegentlich auf unsere Erfahrung und lösen das Problem empirisch oder durch Intuition. Es liegt in der Natur der Sache, dass dieser Weg zwar schneller, aber dafür auch riskanter ist. Gelegentlich zahlt man dafür einen zu hohen Preis.
Ein häufiges, etabliertes Modell nennen wir eine Theorie. Aber auch eine oft angewandte Theorie behält letztlich den Status eines Modells.
Manchmal existieren keine, manchmal mehrere Modelle für ein technisches Problem. Im ersten Fall müssen wir uns selbst ein Modell zurechtlegen. Im zweiten müssen wir uns für eines der vorhandenen Angebote entscheiden. Im allgemeinen liefert ein einfaches Modell nur eine grobe Aussage, während ein aufwendiges, verfeinertes Modell eine grössere Aussagekraft besitzt. Oft sind wir aber mit einer Überschlagsrechnung oder einer Abschätzung zufrieden.

Als Christoph Kolumbus vor 500 Jahren in Spanien in See stach, um Indien auf dem westlichen Seeweg zu finden, besass er zwar eine gehörige Portion Wagemut, war aber mit sehr einfachem Instrumentarium ausgerüstet (Kompass, Sextant und Logscheit).

Sein eigentliches Ziel, Indien, hat Kolumbus verfehlt, da ihm – wohl zu seinem Glück – der amerikanische Kontinent im Wege stand. Trotzdem muss seine Entdeckungsfahrt als Meisterleistung der Seefahrerkunst bezeichnet werden, schliesslich hat er nicht nur unter widrigen Umständen den Rückweg nach Hause gefunden, sondern seine Atlantikfahrten mehrmals wiederholt.

Die *physikalischen Gesetze* spielen die Rolle der *Navigationshilfen*, welche uns erlauben, ein Ziel geradlinig und ökonomisch anzusteuern.
Die Ziele müssen wir uns selber stecken, dabei helfen uns die Instrumente nicht.

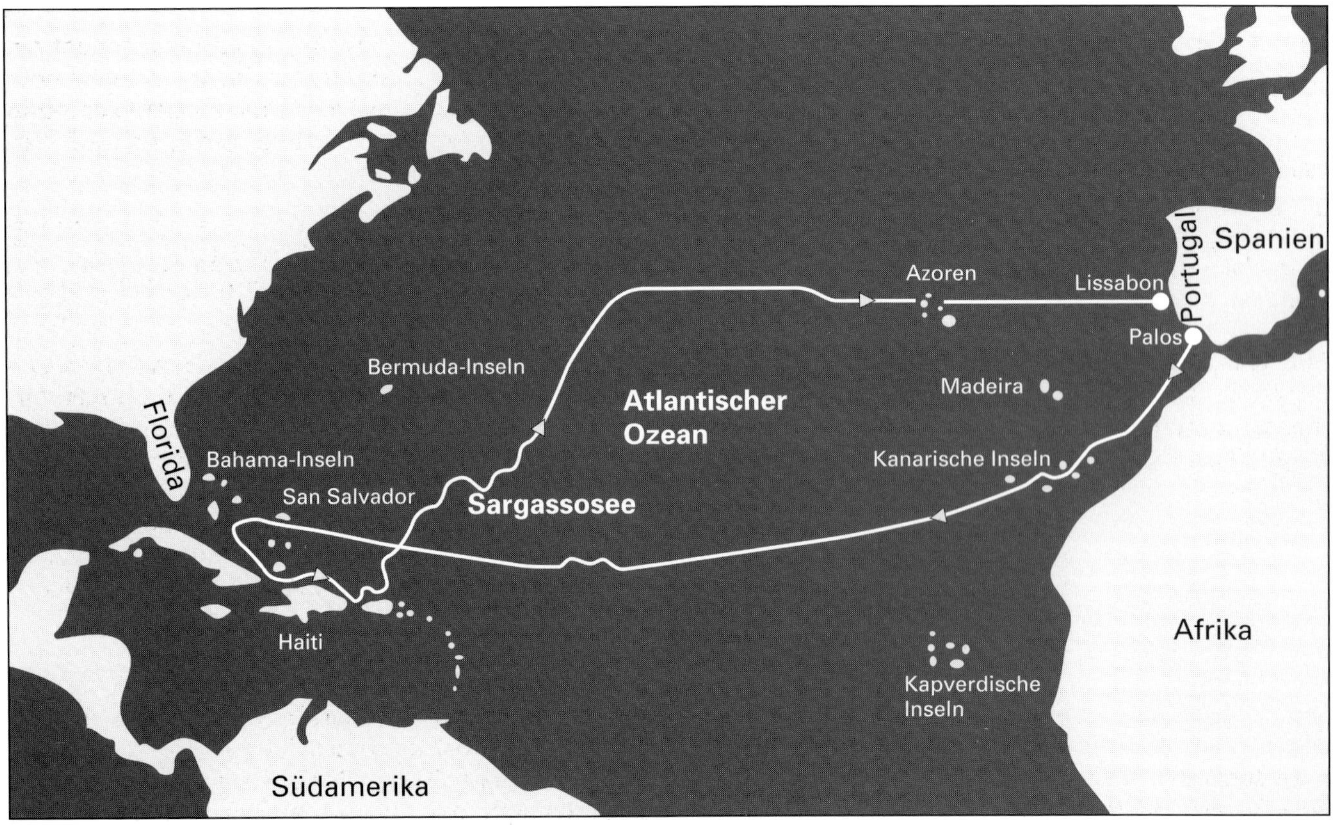

Reiseroute des Kolumbus auf seiner ersten Überfahrt

2. Mechanik

2.1 Kräfte

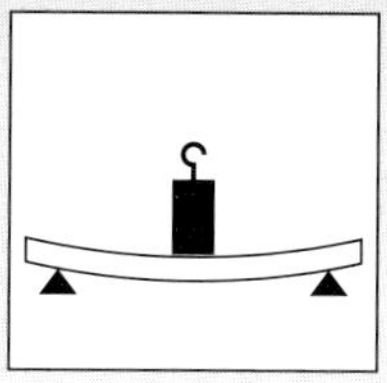

2.1.1 Die Basisgrössen der Mechanik

Im internationalen Einheitssystem SI genügen in der Mechanik folgende drei Basisgrössen mit den zugehörigen Basiseinheiten:

Basisgrössen		*Basiseinheiten*	
Masse	m	Kilogramm	kg
Länge	l	Meter	m
Zeit	t	Sekunde	s

Sämtliche weiteren Einheiten der Mechanik sind von diesen drei Grundeinheiten abgeleitet. In der Wärmelehre kommt noch das Kelvin K und in der Elektrizitätslehre das Ampere A als weitere Basiseinheit dazu.

2.1.2 Kräfte und ihre Wirkungen

Kräfte erkennen wir nur an ihren Wirkungen. In der Mechanik treten nur Deformationen und Beschleunigungen auf.

a) Verformungen (Deformationen)
Die Behandlung der Verformung von Körpern ist Gegenstand der Baustatik. Im Mittelpunkt steht das Gesetz von Hooke:

> Im elastischen Bereich sind Belastung und Deformation proportional

Wichtige Belastungszustände sind Zug, Druck, Biegung, Torsion und Kombinationen davon. Bei unregelmässigen Körperformen kann die Anwendung des Hooke'schen Gesetzes mathematisch kompliziert sein.

Ein typisches Musterbeispiel ist die Dehnung einer Schraubenfeder. Die Verlängerung einer Feder (gemessen zur ungespannten Länge) ist der angesetzten Zugkraft proportional (Federgesetz).

Dehnung einer Schraubenfeder

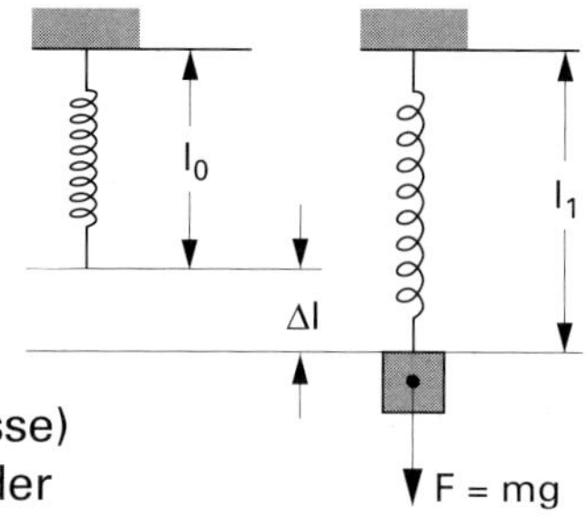

F = Zugkraft
D = Federhärte (Richtgrösse)
Δl = Verlängerung der Feder

$$\Delta l = \frac{F}{D}$$

Die Formel kann für beliebige elastische Deformationen sinngemäss angewendet werden. Für einen beidseitig gestützten Balken mit einer Einzelkraft in der Mitte und bei rechteckigem Profil gilt für die Richtgrösse D:

$$D = 4 \cdot E \cdot b \cdot \frac{h^3}{l^3}$$

Daraus folgt für die Durchbiegung:

$$\Delta y = \frac{F}{D}$$

F = Einzelkraft
D = Richtgrösse
E = E-Modul
Δy = Durchbiegung
b,h = Profildimensionen
l = Stützweite

Balkenbiegung

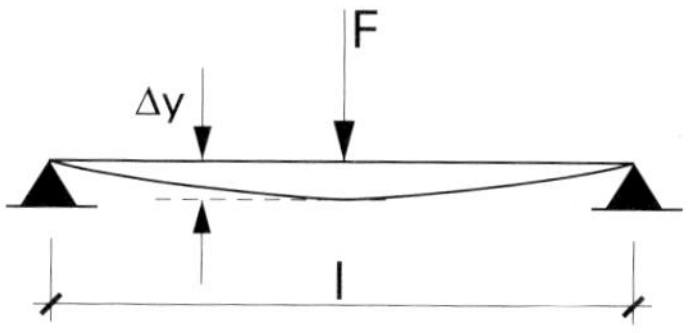

In dieser Form interpretieren wir die Kraft als Ursache, die Federhärte als Hemmung und deren Quotienten als Wirkung.
Viele Gesetze in der Physik können als Quotient geschrieben werden. Der Zähler wird als Ursache oder Antrieb, der Nenner als Widerstand oder Hemmung gedeutet. Der Wert des Quotienten entspricht der Wirkung.

$$\text{Wirkung} = \frac{\text{Ursache}}{\text{Widerstand}} = \frac{\text{Antrieb}}{\text{Hemmung}}$$

Wir nennen diese Darstellung im folgenden *Kausaldenkweise*. Die Kausaldenkweise erleichtert das Verständnis für physikalische Zusammenhänge, weil auch im täglichen Leben oft nach diesem Prinzip vorgegangen wird. Wollen wir, dass möglichst viel geschieht, so müssen wir die Dinge bewegen, drücken, antreiben. Wollen wir jedoch, dass wenig geschieht, so müssen wir bremsen, Widerstand leisten, hemmen.

b) Beschleunigung
Wirkt eine Kraft auf einen frei beweglichen Körper, so wird er in Kraftrichtung beschleunigt. Es gilt das zweite Newton'sche Gesetz (Aktionsprinzip), wonach die Beschleunigung der wirkenden Kraft proportional ist. Auch hier benützen wir die Kausaldenkweise:

$$a = \frac{F}{m}$$

F = wirkende Kraft
m = träge Masse
a = Beschleunigung

Die Beschleunigung a ist definiert als zeitliche Änderung der Geschwindigkeit:

$$a = \frac{\Delta v}{\Delta t}$$

Oft wird eine auf die Zeit bezogene Grösse auch durch einen Punkt über dem betreffenden Symbol gekennzeichnet, so dass auch gilt:

$$a = \dot{v}$$

Die Masse tritt hier im hemmenden Sinn auf. Wir sprechen daher oft von der Trägheit (inertia) oder dem Beharrungsvermögen eines Körpers.
Bei mehreren Kräften gilt das Gesetz sinngemäss vektoriell. An der Stelle der einzelnen Kraft tritt die Vektorsumme aller Einzelkräfte.

$$\vec{a} = \frac{\sum \vec{F}}{m}$$

Diese Aussage ist, im Gegensatz zum Hook'schen Gesetz, welches nur im beschränkten Bereich der elastischen Deformation gilt, universell gültig: es ist ein Naturgesetz (manchmal auch Postulat oder Axiom genannt). In der klassischen Physik, welche für die Baubranche und die Ingenieurpraxis zuständig ist, gilt dieses Gesetz uneingeschränkt.

Aus obiger Gleichung ist die heute gültige Krafteinheit «Newton» abgeleitet:

$$1 \text{ Newton} = 1 \text{ N} = 1 \text{ kg m/s}^2$$

2.1.3 Die Gewichtskraft

Die Gewichtskraft nimmt unter den vielen möglichen Kräften wie Seil-, Reib- und Auflagekräfte, welche alle Berührungskräfte sind, eine Sonderstellung ein. Sie ist eine Folge der allgemeinen Massenanziehung (Newton'sches Gravitationsgesetz) und wirkt auf Distanz (Fernkraft, Feldkraft). In der Baupraxis kann sie als Last mit Betrag $F_G = m \cdot g$ betrachtet werden (g = Erdbeschleunigung ≈ 10 m/s²).

Merke: Ein Körper mit 1 kg Masse hat an der Erdoberfläche ein Gewicht von ungefähr 10 N.

2.2 Kinematische Zusammenhänge

Ist aufgrund der wirkenden Kräfte und der Masse eines Körpers seine Beschleunigung bekannt, so können daraus die Geschwindigkeit und der zurückgelegte Weg berechnet werden.
Die Zusammenhänge zwischen Beschleunigung, Geschwindigkeit und Weg, insbesondere die jeweilige Abhängigkeit von der Zeit, sind Gegenstand der Kinematik (Bewegungslehre).
Am anschaulichsten werden kinematische Vorgänge in grafischen Darstellungen ausgedrückt. Am aussagekräftigsten ist das Geschwindigkeits-Zeit-Diagramm (v-t-Diagramm). Die Beschleunigung kann darin als Steigung, der Weg als Fläche unter der v-t-Kurve gedeutet werden. Als Illustrationsbeispiel diene der freie Fall mit und ohne Luftwiderstand.

Freier Fall ohne Luftwiderstand
(Beschleunigung $a = g \approx 10 \text{m/s}^2$)

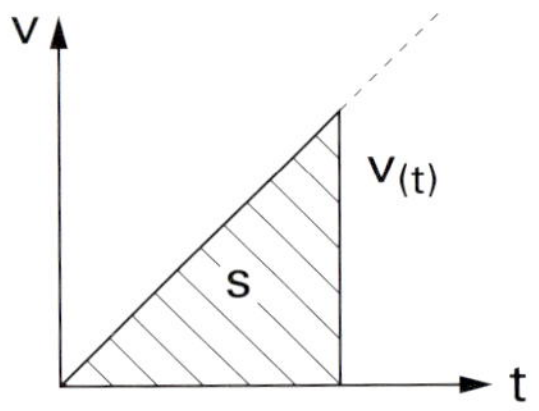

$$v = g \cdot t$$

$$s = v \cdot \frac{t}{2} = g \cdot \frac{t^2}{2}$$

Die Geschwindigkeit nimmt pro Sekunde um 10 m/s zu.

Freier Fall mit Luftwiderstand

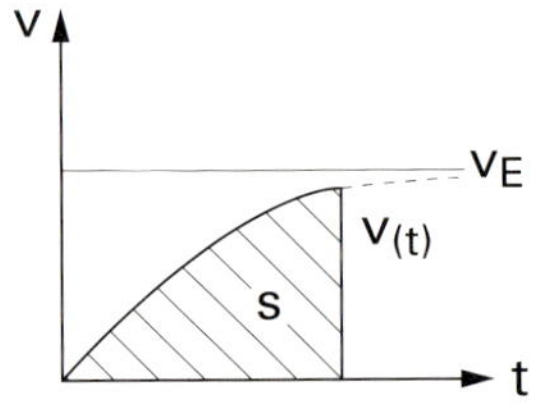

$$v = v_E \cdot \tanh \frac{gt}{v_E}$$

$$s = \frac{v_E^2}{g} \cdot \ln \cosh \frac{gt}{v_E}$$

In diesem Fall erreicht die Geschwindigkeit einen Endwert v_E ,welche für kugelförmige Körper nach der Moor'schen Faust-Formel berechnet werden kann:

$$v_E \approx \sqrt{5 \cdot r \cdot g \left(\frac{\rho_k}{\rho_L}\right)}$$

ρ_k / ρ_L = Dichteverhältnis Körper zu Luft
g = Erdbeschleunigung
r = Radius der Kugel
v_E = Endgeschwindigkeit

Die Endgeschwindigkeit wird erreicht, wenn der Luftwiderstand so gross wird wie das Gewicht des Körpers ($\sum \vec{F} = 0$), so dass die Beschleunigung verschwindet und die Bewegung gleichförmig verläuft.

2.3 Arbeit, Energie, Leistung

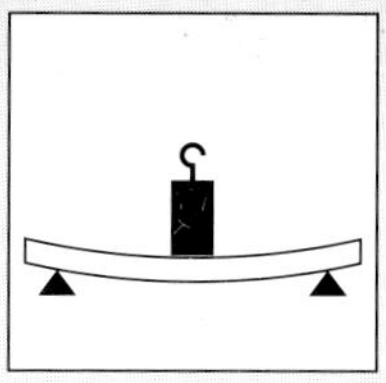

2.3.1 Arbeit

Verschiebt sich ein Körper unter der Wirkung einer Kraft, so verrichtet diese Kraft am Körper Arbeit. Die Arbeit ist das Produkt aus Kraftkomponente in Bewegungsrichtung und der Verschiebung Δs.

$$W = F_s \cdot \Delta s$$

$W = F \cdot \Delta s \cdot \cos\alpha$

Einheit: $[W] = \text{Nm} = \text{Joule} = \text{Ws}$

Wichtiger Spezialfall:

$\alpha = 90° = \frac{\pi}{2}$ (Kraft senkrecht zur Bewegungsrichtung)

$W = 0$ auch für $F \neq 0$ und $\Delta s \neq 0$

Aus diesem Grunde bedürfen Satelliten, nachdem sie einmal abgeschossen und in ihre Umlaufbahn gebracht worden sind, keiner Antriebskraft mehr.

2.3.2 Energie

Wegen des Faktors $\cos\alpha$ in der Definitionsgleichung für W kann die Arbeit positive oder negative Werte annehmen. Wir stellen uns vor, dass dem Körper durch die Krafteinwirkung Arbeit zugeführt oder entzogen wird.

Allgemeine Sprechweise
Für $\Delta W > 0$: Dem Körper wird Arbeit zugeführt
Für $\Delta W < 0$: Dem Körper wird Arbeit entzogen

In vielen Fällen kann die Arbeit, welche einem Körper zugeführt wurde, später wieder entzogen und nutzbar gemacht werden. Vorübergehend ist die Arbeit als Energie im Körper gespeichert.

Energie = gespeicherte Arbeit

Die Energieeinheiten sind somit identisch mit den Arbeitseinheiten.

Beispiele von Arbeitsformen und Energiebeträgen:

Hubarbeit $W_{Hub} = m \cdot g \cdot h$	$E_{Hub} = m \cdot g \cdot h$
Spannarbeit $W_{Feder} = \frac{1}{2} D \cdot \Delta y^2$	$E_{Feder} = \frac{1}{2} D \cdot \Delta y^2$
Beschleunigungsarbeit $W_{Kin} = \frac{1}{2} m \cdot v^2$	$E_{Kin} = \frac{1}{2} m \cdot v^2$
Reibarbeit $W_{Reib} = -F_R \cdot \Delta s$	Mechanischer Energieverlust

2.3.3 Energieerhaltung (Wertigkeit)

Energie kann weder erzeugt noch vernichtet werden. Lediglich die Umwandlung von einer Sorte in eine andere ist möglich. *Für ein abgeschlossenes System bleibt daher die Gesamtenergie konstant.* Sind Reibkräfte im Spiel, so wird ihre Arbeit in Wärme umgewandelt. Innerhalb der mechanischen Betrachtung ist die Reibarbeit ein Energieverlust.
Da die Energie bei Berücksichtigung aller Energieformen nicht verloren geht, kann in Wirklichkeit auch nie ein Energiemanko entstehen. Wenn im Alltag (ungenauerweise) von Energieverbrauch oder Energiemangel gesprochen wird, so hat dies in Wirklichkeit mit der Entwertung von Energie zu tun.

Die minderwertigste Energieform ist die Wärmeenergie. Sie kann nur teilweise in mechanische Energie (Exergie) umgewandelt werden. Von selbst laufen in der Natur die Prozesse immer so ab, dass hochwertige Energie (Exergie) in niederwertige Energie (Anergie) übergeführt wird.

Merke:
Die Aufteilung eines Energiebetrages in einen «wertvollen» (Exergie) und in einen «wertlosen» Anteil (Anergie) hat nur einen Sinn für einen thermodynamischen Prozess mit 2 klar definierten Arbeitstemperaturen (siehe auch Wärmelehre 3.6).

2.3.4 Leistung

Je weniger Zeit für eine Arbeitsverrichtung benötigt wird, desto höher ist die Leistung.
Daher gilt folgende Definition der Momentanleistung:

$$P = \frac{\Delta W}{\Delta t}$$

Einheit: $[P] = \text{Nm/s} = \text{J/s} = \text{Ws/s} = \text{W} = \text{Watt}$
veraltet: 1 PS = 736 W

2.4 Hydrostatik

2.4.1 Der hydrostatische Druck

In Flüssigkeiten und Gasen breitet sich der Druck nach allen Seiten gleichmässig aus. Die hydrostatische Kraft ist immer senkrecht auf die Begrenzungsfläche gerichtet. (Prinzip von Pascal)

Definition des Druckes:

$$p = \frac{F}{A}$$

Einheit: [p] = N/m^2 = Pa = Pascal

Der Flüssigkeitsdruck ist ein Skalar.

2.4.2 Der Schweredruck

Infolge des Eigengewichts nimmt der Druck in einer Flüssigkeit mit zunehmender Tiefe zu. Da Flüssigkeiten praktisch inkompressibel sind, ist die Zunahme linear von der Höhe h abhängig. Wir bezeichnen diesen Druck als Schweredruck p_s oder hydrostatischen Druck.

$$p_s = \rho \cdot g \cdot h$$

ρ = Dichte der Flüssigkeit

Auf Grund dieser Gleichung können hydrostatische Drücke als Säulenhöhen gemessen werden.
Die Angabe 1 mm WS (Wassersäule) bedeutet:

$$p_s = \rho_{Wasser} \cdot g \cdot 1\ mm$$

$$p_s = 1000\ kg/m^3 \cdot 10\ m/s^2 \cdot 0{,}001\ m = 10\ N/m^2 = 10\ Pa$$

Definition: $1\ N/m^2 = 1$ Pascal = 1 Pa

10^5 Pa = 1 bar = 1000 mbar

Lastet auf der Oberfläche noch ein zusätzlicher Druck (meist Luftdruck), gelegentlich auch Pumpendruck, so gilt:

$$p_{tot} = p_{Luft} + \rho \cdot g \cdot h$$

Flüssigkeiten sind nahezu inkompressibel. Bei hohen Drücken wird die Kompressibilität κ zur Berechnung der Volumenverkleinerung ΔV benützt.

$$\kappa = \frac{\Delta V}{V_0 \cdot \Delta p}$$

2.4.3 Gesetz von Boyle-Mariotte

Bei konstanter Temperatur ist das Produkt aus Druck und Volumen eines eingeschlossenen Gases konstant.

$$p \cdot V = \text{konstant}$$

2.4.4 Der Luftdruck

Der Luftdruck nimmt nach oben wegen der Kompressibilität der Luft nicht linear, sondern exponentiell ab. Es gilt für die (isotherme) Atmosphäre:

$$p_{(h)} = p_0 \cdot e^{(-\rho g h/p)} = p_0 \cdot e^{-h/H}$$

p_0 = Druck auf Meereshöhe, Normaldruck
H = 8000 m
h = Höhe über Meer

Merke:
Jeweils 400 m Höhenzunahme ergeben eine Druckabnahme von 5%.

Auf Meereshöhe beträgt der Luftdruck im Mittel:

p_0 = 760 mmHg = 1,013 bar = 1013 mbar

2.4.5 Der Auftrieb

Weil der hydrostatische Druck auf der Unterseite eines Körpers stets grösser ist als auf der oberen Seite, erfährt jeder eingetauchte Körper einen hydrostatischen Auftrieb. Es gilt das Prinzip von Archimedes:

Die Auftriebskraft F_A ist so gross wie das Gewicht der verdrängten Flüssigkeit.

$$F_A = \rho_{Fl} \cdot g \cdot V$$

ρ_{Fl} = Dichte der Flüssigkeit
V = verdrängtes Volumen

Die Aussage gilt auch für Gase, insbesondere für Luft. Weil warme Luft eine kleinere Dichte besitzt als kalte, ergeben sich zwischen benachbarten, verschieden warmen Luftschichten Druckdifferenzen, welche zu Konvektionsströmungen führen können (thermischer Auftrieb, Formeln siehe Wärmelehre, Gasgesetze).
Ist der Auftrieb eines Körpers grösser als sein Gewicht, so schwimmt er, andernfalls schwebt oder sinkt er.

2.5 Hydrodynamik

2.5.1 Ideale Strömung, Bernoulli-Gleichung

Bei idealen Flüssigkeiten und Gasen verlaufen die Stromlinien geordnet. Die Strömung ist laminar (geschichtet). Hindernisse erfahren in idealer Strömung keinen Widerstand.
Bernoulli (1700-1782) hat mit Hilfe des Energiesatzes für ideale Strömungen seine nach ihm benannte Gleichung abgeleitet:

$$p_0 + \frac{\rho \cdot v_0^2}{2} + \rho \cdot g \cdot h_0 = p + \frac{\rho \cdot v^2}{2} + \rho \cdot g \cdot h$$

Sie ist gültig für 2 Punkte auf der gleichen Stromlinie. Die drei Terme haben folgende Bezeichnung erhalten:

$\rho \cdot g \cdot h$ = Schweredruck

$\rho \cdot \frac{v^2}{2}$ = dynamischer Druck (Staudruck)

p = statischer Druck

Die folgende Figur erläutert den Sachverhalt am Beispiel eines umströmten Kreiszylinders. Die Bernoulligleichung gilt für zwei beliebige Punkte auf der gleichen Stromlinie. Meist existiert ein Bezugspunkt (p_0) in grosser Entfernung des Hindernisses, an dem auch die Geschwindigkeit (Referenzwert v_0) bekannt ist.

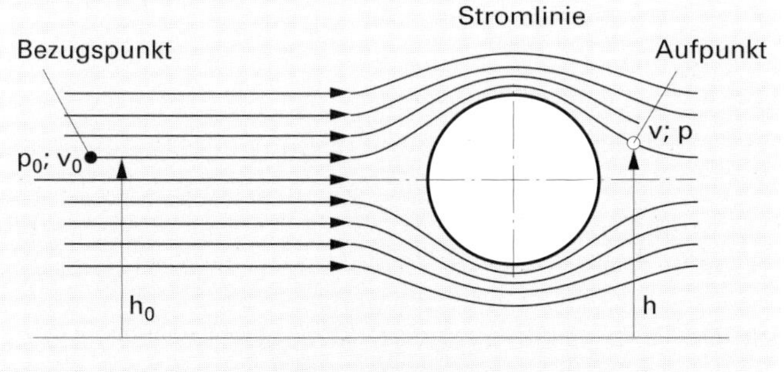

Bedeutung der einzelnen Symbole:
- p_0 = statischer Druck am Bezugspunkt (freie, ungestörte Strömung)
- v_0 = Geschwindigkeit am Bezugspunkt (Referenzgeschwindigkeit)
- p = statischer Druck an einem beliebigen Punkt (Aufpunkt)
- v = Geschwindigkeit an diesem Punkt
- ρ = Dichte
- g = Erdbeschleunigung
- h = Höhe

Laminarströmung um einen Zylinder

An Stellen erhöhter Geschwindigkeit sinkt der statische Druck gegenüber dem Referenzpunkt und umgekehrt. Trotz Komplikationen, welche sich aufgrund der durch Reibung verursachten Verwirbelung ergeben, bleibt diese Aussage qualitativ gültig. Der grösste Überdruck tritt immer dort auf, wo die Strömungsgeschwindigkeit auf null abgebremst wird (Staupunkt mit zugehörigem Staudruck $^1/_2\, \rho \cdot v^2$).
Als Bezugsgrösse für Druckabfälle in Kanalströmungen spielt deshalb der Staudruck eine Schlüsselrolle.

Hydrodynamisches Paradoxon
Die Tatsache, dass der Druck bei erhöhter Geschwindigkeit sinkt, ist gefühlswidrig und wird deshalb als hydrodynamisches Paradoxon bezeichnet.
Viele technische Geräte wie Saugpumpen, Zerstäuber, Vergaser und Geschwindigkeitsmessgeräte, wie auch der dynamische Auftrieb von Tragflügeln, sind Anwendungen dieses scheinbar paradoxen Phänomens.

2.5.2 Reale Strömung

Reale Flüssigkeiten und Gase besitzen Zähigkeit (innere Reibung). Bei kleinen Geschwindigkeiten kann die Strömung trotzdem laminar sein; sie schlägt jedoch bei einer kritischen Geschwindigkeit in eine turbulente Strömung um (Wirbelbildung). Das folgende Bild illustriert die durch Reibung verursachte Wirbelbildung bei einem angeströmten Hindernis, wie es auch am umströmten Gebäude vorkommt.

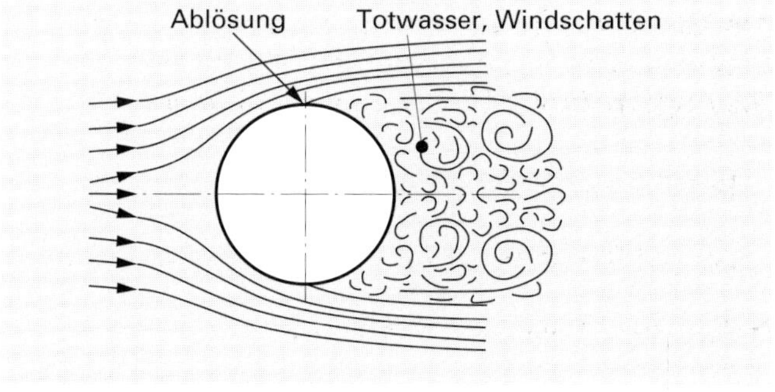

Wirbelablösung bei turbulenter Strömung

2.5.3 Druckunterschiede durch Windeinfluss, Druckkoeffizienten

Um den Luftaustausch durch ein Gebäude berechnen zu können, muss die Druckverteilung, welche durch die Windanströmung an der äusseren Gebäudeoberfläche entsteht, bekannt sein. Man benützt dazu die von der Gebäudeform und von der Windrichtung abhängigen Druckkoeffizienten c_p, welche durch die folgende Formel definiert sind:

Druckkoeffizient

$$c_p = \frac{p - p_0}{\frac{1}{2}\, \rho \cdot v^2_{Ref}}$$

Es ist zu beachten, dass die Koeffizienten nur eine qualitative Information über die Druckverteilung ergeben. Erst zusammen mit einer definierten Referenzgeschwindigkeit sind die effektiven Drücke am Gebäude festgelegt (siehe Figur «Strömung um Gebäude»).

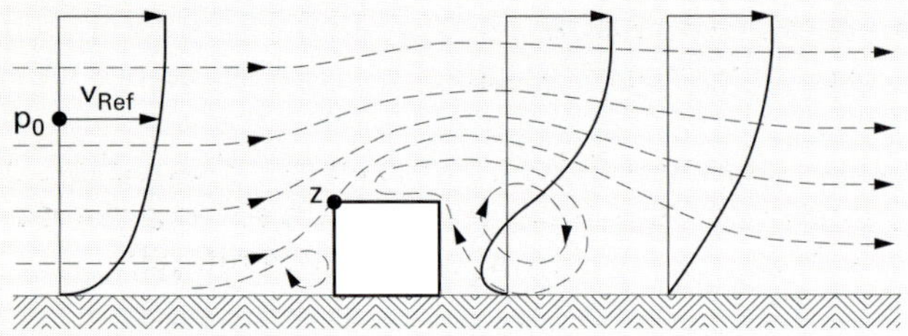

$c_{p(z)}$ = Druckkoeffizient Aufpunkt
$p(z)$ = statischer Druck im Aufpunkt z (Gebäudeoberfläche)
p_0 = statischer Druck (Referenzpunkt)
ρ = Dichte der Luft
v_{Ref} = Referenzgeschwindigkeit
z = Position auf Gebäudeoberfläche (Aufpunkt)

Strömung um Gebäude

An der Anströmseite (Luv) sind die Druck-Koeffizienten meist positiv (Überdruck), an der windabgekehrten Seite (Lee) negativ. Die Dichtigkeitsverteilung der Gebäudehülle (Widerstand gegen Durchströmen, Fugenkoeffizienten) bestimmt schliesslich den windinduzierten Luftaustausch.

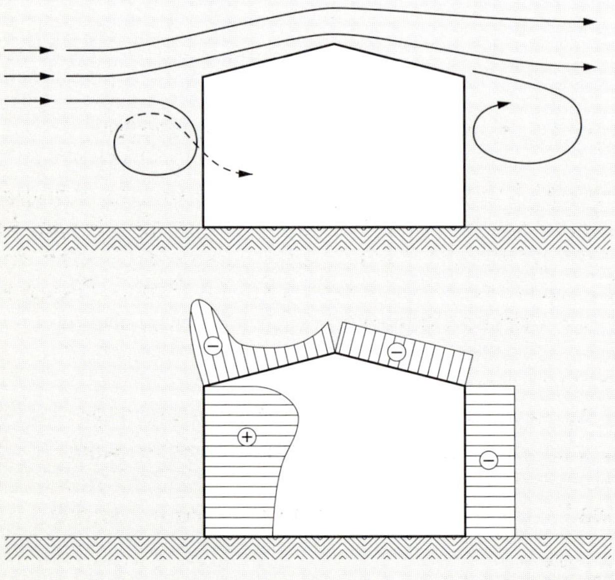

Rechteckiges Gebäude mit schematischer Druckverteilung

2.5.4 Berechnung des Luftaustausches

Beim Einzellenmodell, bei dem im Gebäudeinnern überall derselbe Druck herrscht,lassen sich die Strömungsverhältnisse mit Hilfe der elektrischen Analogie relativ leicht überblicken. Als Ansatz dienen die Kontinuitätsgleichung und das Fugenströmungsgesetz, welches im Gegensatz zum Ohmschen Gesetz hier allerdings nicht linear ist. In der Bauphysik benützt man für den Strömungsparameter (Exponent n) den Wert $^2/_3$ und setzt für R den Kehrwert der Fugendurchlässigkeit $(a \cdot l)$, welcher einem Leitwert entspricht. Die folgende Figur erläutert den Sachverhalt für den Fall von je 1 Öffnung an Luv- und Leeseite, ohne dass die Berechnung jedoch ausgeführt wird.

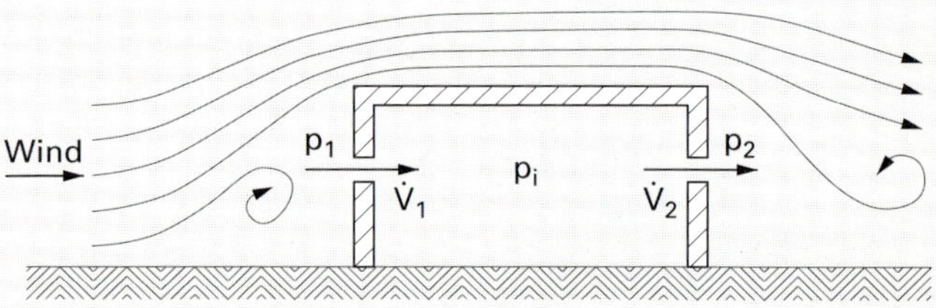

Strömungsgesetz

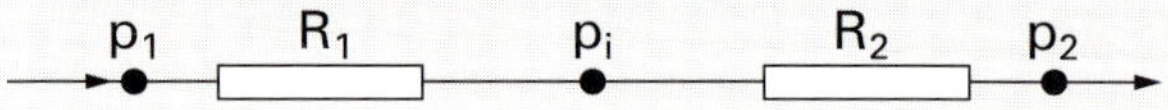

$$\frac{(p_1 - p_i)^n}{R_1} = \dot{V}_1 \qquad \frac{(p_i - p_2)^n}{R_2} = \dot{V}_2$$

$\dot{V}_1 = \dot{V}_2$ Kontinuitätsgleichung

Ohm'sches Gesetz

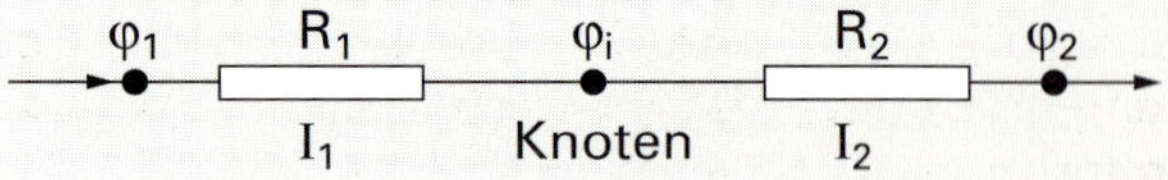

$$\frac{(\varphi_1 - \varphi_i)}{R_1} = I_1 \qquad \frac{(\varphi_i - \varphi_2)}{R_2} = I_2$$

$I_1 = I_2$ Knotensatz

Aus den 3 Gleichungen lassen sich p_i, $\dot{V}_1$ und $\dot{V}_2$ berechnen.

Strömungsparameter n:

Grenzfall laminare Strömung	$n = 1$
Grenzfall turbulente Strömung	$n = {}^1/_2$
häufiger praktischer Wert für Fugen	$n \cong {}^2/_3$

Es sei an dieser Stelle ausdrücklich darauf hingewiesen, dass der Innendruck p_i im allgemeinen nicht mit dem Atmosphärendruck p_0 übereinstimmt. Man erkennt dies leicht daran, dass je nach Dichtigkeit der Fassaden innen einmal Über- oder Unterdruck herrschen kann.

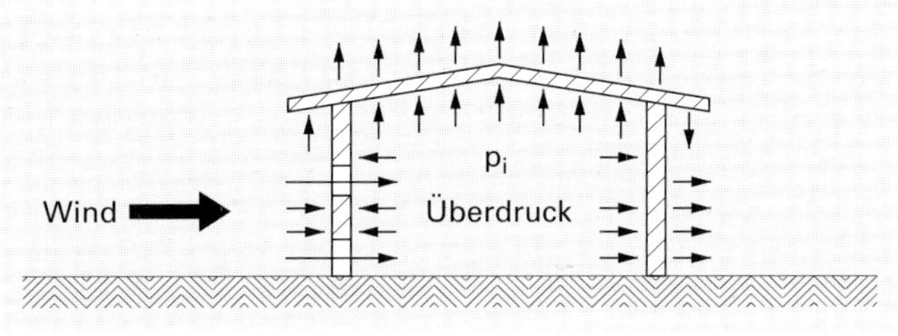

Luvseite undicht: p_i grösser p_0

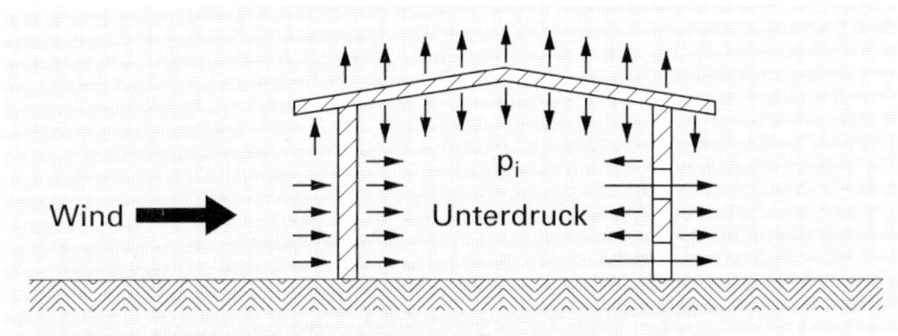

Leeseite undicht: p_i kleiner p_0

Bei mehrzelligen Modellen wird die Rechnung wegen den Nichtlinearitäten aufwendig, sodass man auf Computerprogramme zurückgreift. An der Denkweise ändert sich aber grundsätzlich nichts.

2.5.5 Druckdifferenzen durch thermischen Auftrieb (Kamineffekt)

Die im letzten Abschnitt erwähnten Zusammenhänge gelten nur für eine konstante Temperaturverteilung. Bei Temperaturdifferenzen zwischen innen und aussen treten zusätzlich thermisch bedingte Druckdifferenzen auf, welche ohne weiteres in der gleichen Grössenordnung liegen können wie die windinduzierten Werte. Die folgende Gleichung lässt sich mit der im nächsten Abschnitt behandelten Gasgleichung herleiten und ist als Näherung für Überschlagsrechnungen in der Praxis genügend genau:

$$\frac{\Delta p}{\Delta h} \approx \rho_0 \cdot g \cdot \frac{\Delta T}{T_0}$$

ρ_0 ≈ Luftdichte = 1,3 kg/m^3 bei 0 °C
g = Erdbeschleunigung
T_0 = 273 K
ΔT = Temperaturdifferenz

2.5.6 Geführte Strömung (Kanalströmungen)

Entscheidend für den Umschlag in turbulente Strömung ist die Reynoldszahl Re.

Definition:

$$Re = \frac{\rho \cdot d \cdot v}{\eta}$$

d = Rohrdurchmesser
v = mittlere Geschwindigkeit
ρ = Dichte des Fluids
η = dynamische Zähigkeit

Bei vorhandener Reibung muss in der Bernoulli-Gleichung noch der Druckverlust berücksichtigt werden. In Rohren mit kreisförmigem Querschnitt gilt:

$$\Delta p_{Verlust} = \lambda \cdot \frac{l}{d} \cdot \rho \cdot \frac{v^2}{2}$$

λ = Rohrreibungszahl
l = Rohrlänge

Die Rohrreibungszahl λ hängt von der Reynoldszahl ab. Die Bestimmung erfolgt meistens mit Hilfe von Nomogrammen. Die bei Kanalströmungen auftretenden Druckdifferenzen infolge von Querschnittänderungen, Armaturen, Krümmern und anderen Störeinflüssen werden nach folgender Formel mit dimensionslosen Widerstandskoeffizienten ζ berücksichtigt:

$$\Delta p_{Verlust} = \zeta \cdot \rho \cdot \frac{v^2}{2}$$

2.5.7 Die Leistung von strömenden Medien

Bei geführten Strömungen in Rohren oder Kanälen gilt die Kontinuitätsgleichung. Sie ist eine Folge der angenommenen Inkompressibilität. An Stellen mit Querschnittverengungen muss die Geschwindigkeit steigen und umgekehrt.

$$A_1 \cdot v_1 = A_2 \cdot v_2$$

A = Rohrquerschnitt
v = Geschwindigkeit

Das Produkt $(A \cdot v)$ bedeutet den Volumenstrom

$$\dot{V} = \frac{\Delta V}{\Delta t}$$

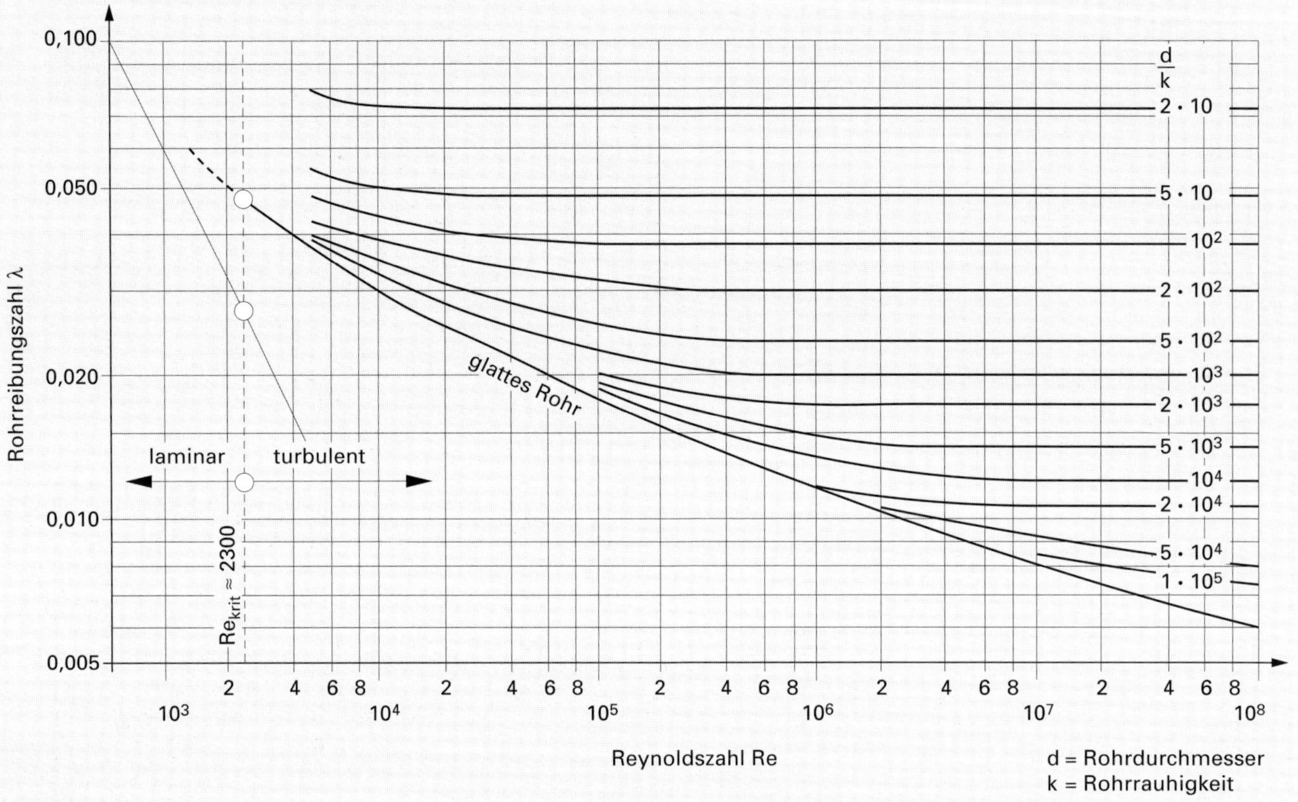

λ-Re-Diagramm für Kanalströmungen

Für die Leistung eines strömenden Mediums gilt:

$$P = \frac{\Delta W}{\Delta t} = \frac{F \cdot \Delta s}{\Delta t} = \frac{F}{A} \cdot \frac{A \cdot \Delta s}{\Delta t}$$

$$\boxed{P = p \cdot \dot{V}}$$

mit $\frac{F}{A} = p =$ Druck

$$\frac{A \cdot \Delta s}{\Delta t} = \frac{\Delta V}{\Delta t} = \dot{V} = \text{Volumenstrom}$$

2.5.8 Die Fugenströmung

Bei der Fugenströmung handelt es sich weder um eine geführte Kanalströmung noch um eine exakte laminare Strömung, sondern um ein Strömungsregime mit einem Druckexponenten von etwa $^2/_3$, so dass in der Praxis folgende Formel für den Volumenstrom verwendet wird:

$$\boxed{\dot{V}_L = a \cdot l \cdot \Delta p^{\frac{2}{3}}}$$

Der Koeffizient a heisst Fugendurchlasskoeffizient. Er dient vor allem zur Beschreibung der Luftdichtigkeit von Fenstern. Wird der nicht lineare Zusammenhang auf doppelt-logarithmischem Papier aufgezeichnet, so ergibt sich eine Gerade, aus welcher bei $\Delta p = 1$ Pa der a-Wert abgelesen werden kann.

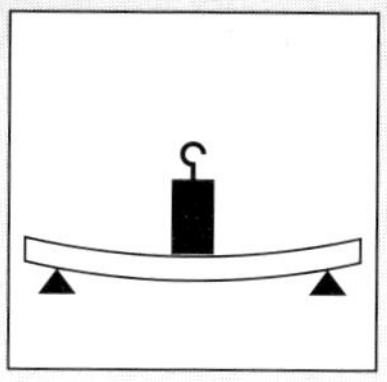

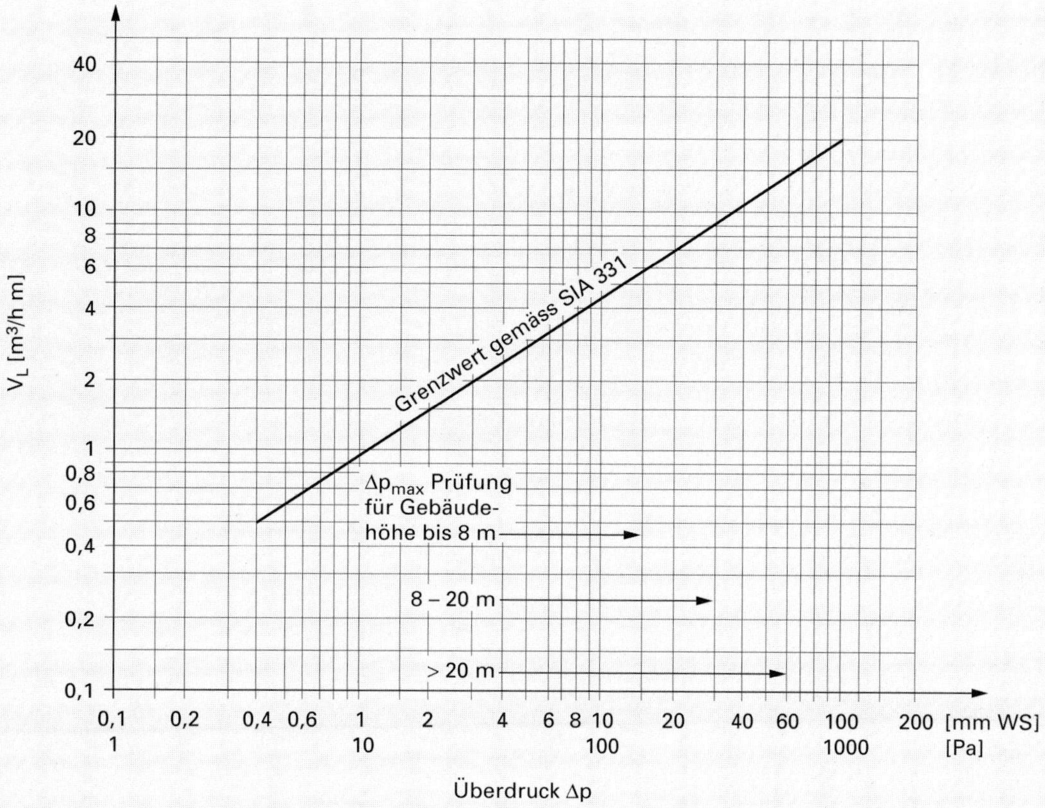

Maximale Fugendurchlässigkeit für Fenster (aus Element 29)

Formelsatz Wasserströmung

Wasserzirkulation	Symbol	Einheit	Gesetz Name
a) «Substanz» Wasser	m	kg	
b) Strom	$\dot{m} = \frac{\Delta m}{\Delta t}$	kg/s	Massenstrom
Stromdichte	$\frac{\dot{m}}{A}$	kg/m²s	
c) Potential	p	Pa	
Spannung	Δp	Pa	$\Delta p = p_1 - p_2$
d) Strömungsgesetz			$\Delta p = \lambda \cdot \frac{l}{d} \cdot \frac{1}{2} \rho \cdot v^2$
Widerstand	–	–	
Leitwert	–	–	

Formelsatz Luftströmung

Luftströmung	Symbol	Einheit	Gesetz Name
a) «Substanz» Luft	V	m^3	
b) Strom	$\frac{\Delta V}{\Delta t} = \dot{V}$	$\frac{m^3}{s}$, $\frac{m^3}{h}$	Volumenstrom
Stromdichte	$\frac{\dot{V}}{l}$	$\frac{m^3}{h\,m}$	
c) Potential	p	Pa	
Spannung	Δp	Pa	$\Delta p = p_1 - p_2$
d) Strömungsgesetz			$\dot{V}_L = a \cdot l \cdot \Delta p^{\frac{2}{3}}$
Widerstand	$R = \frac{1}{a \cdot l}$		
Leitwert	$a \cdot l$	$\frac{m^3}{h\,Pa^{2/3}}$	

3. Wärme

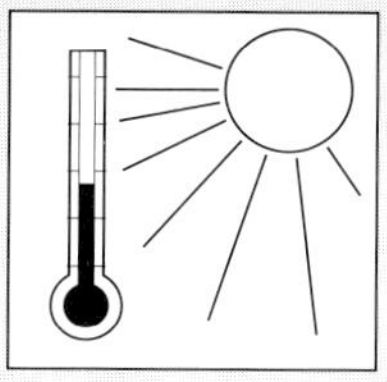

3.1 Die Temperatur T

3.1.1 Temperatur T

Neben den mechanischen Eigenschaften wie Masse, Gewicht, Volumen usw. besitzt jeder Körper thermische Grössen, welche über den Wärmezustand Auskunft geben.
Aus eigener Erfahrung kennt jeder die subjektiven Empfindungen kalt und warm. Es handelt sich dabei um relative Angaben. Der physikalisch objektive Begriff, der kalt und warm in eine absolute Skala einordnet, ist die Temperatur.
Tatsächlich ist der Temperaturbegriff recht kompliziert und hat im Laufe der Zeit viele Wandlungen durchgemacht. Wir wollen uns an dieser Stelle auf den wichtigsten Aspekt beschränken, nämlich auf den Zusammenhang mit der kinetischen Energie der Moleküle. Am besten können die Verhältnisse an einem Gas verständlich gemacht werden.

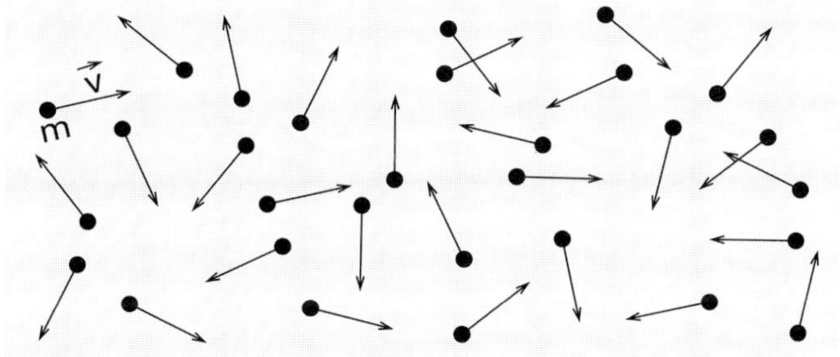

Wärmebewegung (schematisch)

In einem Gas schwirren die Atome oder Moleküle völlig regellos umher. Die Intensität dieser chaotischen Wärmebewegung ist ein Mass für die (absolute) Temperatur T. Da sich die Teilchen praktisch kräftefrei bewegen, kann die Heftigkeit der Bewegung auch durch die kinetische Energie ausgedrückt werden. Die kinetische Gastheorie liefert folgendes Resultat:

Wärme ist eine spezielle Form von Energie

Die mittlere Translationsenergie der Moleküle ist ein Mass für die absolute Temperatur T.

$$W_{Translation} = \frac{m \cdot v^2}{2} = \frac{3}{2} \cdot k \cdot T$$

Dabei bedeuten:
m = Masse des Teilchens
v = mittlere Translationsgeschwindigkeit
T = absolute Temperatur in K
k = Boltzmannkonstante = $1{,}38 \cdot 10^{-23}$ J/K

Bei den Flüssigkeiten und Festkörpern liegen die Dinge wegen der starken Anziehungskräfte etwas komplizierter. In einem Kristall können sich die Moleküle nicht mehr frei bewegen. Sie sind an ihre Gitterplätze gebunden und führen lediglich Schwingungen um ihre Gleichgewichtslage aus. Im flüssigen Zustand sind noch beschränkt Translationsbewegungen möglich.
Ungeachtet dieser Einzelheiten macht die generelle Verknüpfung von Temperatur und Heftigkeit der Molekülbewegungen viele Vorgänge und Tatsachen qualitativ verständlich:
- Existenz eines Temperaturnullpunktes (absolute Ruhe)
- Druckzunahme mit der Temperatur
- Thermische Dehnung
- Abkühlung einer Flüssigkeit beim Verdunsten
- Diffusionsschnelligkeit steigt mit zunehmender Temperatur
- Temperaturerhöhung braucht Energiezufuhr

Die letzte Aussage kommt in der als Wärmespeicherformel bezeichneten Beziehung

$$\Delta Q = m \cdot c \cdot \Delta T$$

quantitativ zur Anwendung.

Weitere Beispiele:
Energieinhalt, Enthalpie, Auskühlung, Zeitkonstante.

3.1.2 Temperaturmessung, Skalen, Einheiten

Die Messung von Molekülgeschwindigkeiten ist zwar heute im Labor möglich, für praktische Zwecke jedoch nicht anwendbar. Da sich sehr viele Stoffeigenschaften eindeutig mit der Temperatur ändern, können diese Eigenschaften zur Temperaturmessung herangezogen werden. Am häufigsten werden Volumenänderungen benützt. Das bekannteste Instrument dieser Art ist das im Alltag gebräuchliche Quecksilber-Thermometer. Es stehen jedoch noch zahlreiche weitere Möglichkeiten zur Verfügung:
- Thermoelemente
- Gasdruckthermometer
- elektrische Widerstandsthermometer
- Thermocolore
- Thermographie

Zur Festlegung von Skalen und zur Eichung von Thermometern benötigt man (mindestens) zwei Temperaturfixpunkte. Die Erfahrung zeigt, dass das Schmelzen und Sieden bei konstantem Druck für die meisten Stoffe immer bei der gleichen, reproduzierbaren Temperatur vor sich geht. Solche Phasenänderungen sind daher als Fixpunkte geeignet.

Am häufigsten werden folgende zwei Fixpunkte benützt:

- Eis und Wasser im Gleichgewicht (Normaldruck) = 1. Fixpunkt (FP)
- Wasser und Dampf im Gleichgewicht (Normaldruck) = 2. Fixpunkt (FP)

Ordnet man diesen Fixpunkten bestimmte Temperaturwerte zu und teilt die Differenz in vorgeschriebene Teilschritte, so erhält man verschiedene Temperaturskalen. Die folgende Tabelle zeigt die Zusammenhänge für die wichtigsten Skalen:

Skala	Celsius	Kelvin	Fahrenheit*	Reaumur
Symbol	ϑ	T	t_F	t_R
Einheit	°C	K	°F	°R
1. FP 2. FP Teilung	0 100 100	273,15 373,15 100	32 212 180	0 80 80
Anwendung	Europa, Alltag	Wissenschaft	USA	veraltet

* Der Nullpunkt der Fahrenheitskala 0 °F beruht historisch auf dem Temperaturgleichgewicht einer Kältemischung mit Salmiak, Wasser und Eis. 100 °F entsprechen etwa der Körpertemperatur des Menschen.

Temperaturskalen

Die Unterteilung der einzelnen Skalen sowie die gegenseitigen Umrechnungen erfolgen linear. Die Kelvinskala basiert auf der Druckzunahme eines idealen Gases, die andern auf der Volumenausdehnung von Quecksilber.

Merke: Für Temperaturdifferenzen sind °C und K gleichwertig, für Absolutwerte nicht.

$\vartheta_1 = 5\,°C \quad \vartheta_2 = 15\,°C \quad \rightarrow \quad \Delta\vartheta = 10\,°C$

$T_1 = 278\,K \quad T_2 = 288\,K \quad \rightarrow \quad \Delta T = 10\,K$

3.2.1 Feste Körper

Die heftigere Molekularbewegung bei steigender Temperatur hat zur Folge, dass sich fast alle Stoffe bei Erwärmung ausdehnen. Bei festen Körpern interessiert vor allem die Verlängerung der linearen Dimensionen.

Für nicht zu grosse Temperaturdifferenzen ΔT (im Bauwesen immer erfüllt) gilt:

$$\Delta l = \alpha \cdot l_0 \cdot \Delta T$$

$$\alpha = \frac{(\Delta l / l_0)}{\Delta T} = \text{relative Verlängerung pro Grad}$$

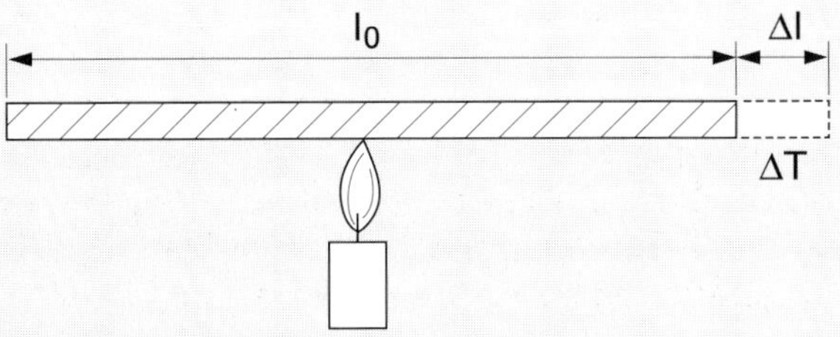

Die Verlängerung Δl ist der ursprünglichen Länge l_0 und der Temperaturdifferenz ΔT proportional. Der konstante Faktor heisst thermischer Ausdehnungskoeffizient α. Er ist materialabhängig. Seine Einheit ist K^{-1}. Die untenstehende Tabelle zeigt einige Ausdehnungskoeffizienten von Baumaterialien.

	α	α	E
Einheit	$10^{-6}\,K^{-1}$	mm / mK	$10^{10}\,Nm^2$
Aluminium	24	0,024	7,2
Kupfer	17	0,017	12,6
Eisen rein	12	0,012	22,3
Stahl	16	0,016	21,0
Grauguss	10	0,0101	12,0
Blei	31	0,031	1,7
Messing	18	0,018	11,2
Beton	12	0,012	4,0
Glas	8	0,008	7,0
Holz ⊥ Faser	50	0,05	0,15
Holz ‖ Faser	5	0,005	1,5

Tabelle einiger Ausdehnungskoeffizienten und E-Moduli

Thermische Spannungen

Obwohl die thermischen Verlängerungen relativ gering sind, können grosse innere Spannungen entstehen, falls man die Dehnung durch starre Einspannung

verhindert. Die inneren Spannungen werden so gross, wie äussere sein müssten, um die thermische Längendehnung mechanisch wieder rückgängig zu machen. Mit dem Gesetz von Hooke kann diese mechanische Spannung berechnet werden.

Hooke: $$\frac{\Delta l}{l_0} = \frac{\sigma}{E}$$

σ = mechanische Spannung (oder Druck)

Durch Gleichsetzen der thermischen und mechanischen Verlängerung Δl erhält man:

$$\sigma = \alpha \cdot E \cdot \Delta T$$

An dieser Gleichung ist bemerkenswert, dass die Spannung nur von ΔT und von Materialwerten abhängt. Die Länge Δl kommt nicht vor. Das bedeutet, dass kurze Elemente bei gleicher Erwärmung dieselben Spannungen hervorrufen wie lange.

3.2.2 Flüssigkeiten

Bei Flüssigkeiten ist der Ausdehnungskoeffizient γ stets auf das Volumen bezogen und etwa eine Zehnerpotenz grösser als bei Festkörpern.

$$\Delta V = V_0 \cdot \gamma \cdot \Delta T$$

Beispiel:
- Ausdehnungskoeffizient Quecksilber: $\gamma_{Hg} = 18 \cdot 10^{-5}\ K^{-1}$
- Ausdehnungskoeffizient Wasser bei 20 °C: $\gamma_{H2O} = 20{,}7 \cdot 10^{-5}\ K^{-1}$

Achtung: Zwischen 0 °C und 4 °C ist γ_{H2O} negativ! (Anomalie des Wassers)

Wegen des unüblichen Verhaltens von Wasser ist es zweckmässig, den Zusammenhang zwischen Temperatur und Volumen graphisch oder tabellarisch festzuhalten (Tabelle Anomalie Wasser).

Die thermische Dehnung spielt in der Technik eine wichtige Rolle. Wird ein fester Körper durch starre Einspannung oder eine Flüssigkeitssäule durch Absperrventile an der Ausdehnung gehindert, so können grosse Druckkräfte auftreten. Im Extremfall kann dies bis zur Explosion von Flüssigkeitsbehältern führen (Sicherheitsventile).

Die thermische Dehnung wird aber technisch auch ausgenützt (Thermische Regler, Danfos-Ventile, Schwerkraftheizung).

Bei der Schwerkraftheizung steigt das spezifisch leichtere Wasser im Kessel hoch und kühlt sich in den Heizkörpern wieder ab. Die Anlage ist ein Musterbeispiel für den Wärmetransport durch freie Konvektion (Kapitel 3.7).

Schwerkraftheizungen werden heute kaum mehr gebaut, da der Einsatz von Umwälzpumpen wesentliche Vorteile bringt (Materialersparnis bei Verrohrung, bessere Regulierbarkeit, schnellere Aufheizzeiten).

ϑ in °C	V in dm³
0	1000,2
2	1000,1
4	1000,0
10	1000,4
20	1001,8
30	1004,4
40	1007,9
50	1012,1
60	1017,1
70	1022,8
80	1029,0
90	1035,9
100	1043,5

Anomalie des Wassers: Volumen von 1000 kg Wasser als Funktion der Temperatur

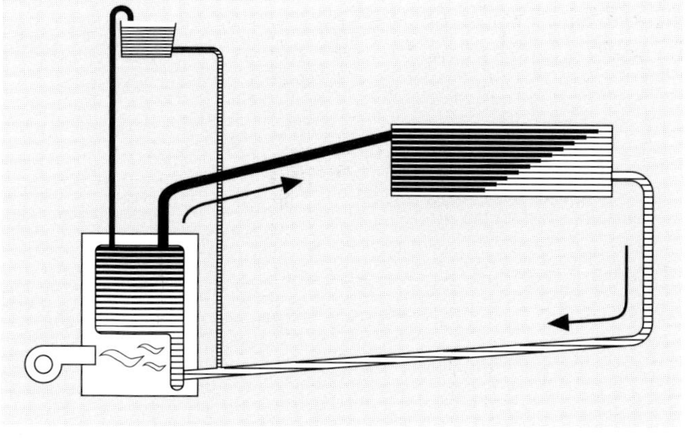

Schwerkraftheizung schematisch

3.3 Die allgemeine Gasgleichung

Das thermische Verhalten von idealen Gasen wird mit der allgemeinen Gasgleichung beschrieben. Sie gibt den Zusammenhang zwischen den Zustandsgrössen Temperatur, Druck und Volumen sowie der Gasmenge (in der Einheit mol) an:

$$p \cdot V = n \cdot R \cdot T$$

p = Druck in Pa
V = Volumen in m^3
n = Menge in mol
R = 8,314 J/molK (universelle Gaskonstante)
T = absolute Temperatur in K

In der Ingenieurpraxis wird als Gasmenge oft die Masse benützt und die Gasgleichung wie folgt formuliert:

$$p \cdot V = m \cdot R_s \cdot T$$

R_s = spezifische Gaskonstante in J/kgK = R/M_n
M_n = Molmasse in kg/mol
m = Masse in kg

Die spezifische Gaskonstante R_s kann aus der universellen Gaskonstanten R und der Molmasse M_n bei Bedarf für jedes Gas berechnet werden.

Beispiel Wasserdampf:

$$R_{H2O} = \frac{R}{M_{nH20}} = \frac{8{,}314 \text{ J/molK}}{18 \cdot 10^{-3} \text{ kg/mol}} = 462 \frac{\text{J}}{\text{kg} \cdot \text{K}}$$

Die Gasgleichung kann für Umrechnungen von Druck in Dichte bei beliebigen Temperaturen benützt werden (Kapitel 4 Feuchte Luft).

Gesetz von Boyle-Mariotte
Ein Spezialfall der Gasgleichung ist das Gesetz von Boyle-Mariotte, welches besagt, dass das Produkt aus Druck und Volumen bei konstanter Temperatur konstant ist.
Dies folgt direkt aus der Gasgleichung durch Einsetzen von T = konstant.

3.4 Wärme als Energieform

3.4.1 Wärmekapazität

Um die Temperatur eines Körpers zu erhöhen, muss ihm Wärmeenergie zugeführt werden. Die Berechnung erfolgt mit Hilfe der spezifischen Wärmekapazität c.

$$\Delta Q = m \cdot c \cdot \Delta T$$

Bei Gasen muss zwischen c_p (konstanter Druck, isobar) und c_v (konstantes Volumen, isochor) unterschieden werden. In der Bauphysik kommt immer c_p zum Zuge, da Prozesse mit konstantem Volumen praktisch nicht vorkommen. Der Quotient c_p/c_v heisst Adiabatenexponent κ, welcher in der Formel zur Berechnung der Schallgeschwindigkeit eine Rolle spielt. Für Luft und 2-atomige Gase hat er den Wert 1,4.

3.4.2 Enthalpie

Normiert man die Wärmeenergie von flüssigem Wasser bei 0 °C willkürlich zu null, so kann dem Wasser bei der Temperatur ϑ ein Wärmeinhalt zugeschrieben werden. Vor allem bei Prozessen mit konstantem Druck (isobare Vorgänge) erlaubt dies eine Vereinfachung der Umrechnungen bei Energiebilanzen. In der Thermodynamik der feuchten Luft wird häufig mit dem Begriff des Wärmeinhaltes gerechnet. Er hat dort die Bezeichnung Enthalpie H.

$$H = m \cdot c_p \cdot \vartheta$$

Enthält ein System mehrere Komponenten, so dürfen die einzelnen Enthalpien zur Gesamtenthalpie aufaddiert werden. (Anwendung: h-x-Diagramm von Mollier in Kapitel 4).

Auch für kalorische Ausgleichvorgänge verschieden warmer Körper kann der Enthalpiebegriff effizient eingesetzt werden. Er liefert zwar keine neue physikalische Einsicht, erlaubt aber eine bequeme Formulierung der Energieerhaltung bei thermischen Ausgleichsvorgängen.

Treten bei einer Komponente Aggregatzustandsänderungen auf (Schmelzen, Verdampfen) so müssen die entsprechenden Energieumsätze bei der Berechnung der Enthalpie berücksichtigt werden (Enthalpie von feuchter Luft, Kapitel 4.7).

3.5 Schmelz- und Verdampfungswärme

Die Formel für die Wärmespeicherung $\Delta Q = m \cdot c \cdot \Delta T$ gilt nur, sofern sich während der Wärmezufuhr der Aggregatzustand nicht ändert. Geht ein Körper bei Erwärmung vom festen in den flüssigen Zustand über (Schmelzvorgang), so bleibt während des Schmelzens die Temperatur konstant. Die zugeführte Energie wird für das Aufbrechen der Bindungskräfte benötigt und muss mit Hilfe der Schmelzwärme r_S berechnet werden:

$$Q_s = m \cdot r_S$$

Bei allfälligem Erstarren wird die aufgebrachte Energie wieder frei. Analog verhält es sich beim Verdampfen und Verdunsten einer Flüssigkeit. Die Verdampfungswärme berechnet sich wie folgt:

$$Q_d = m \cdot r_D$$

In der Baubranche handelt es sich fast immer um das Problem des Kondensierens von Wasserdampf, welcher als Feuchtigkeit in der Luft vorhanden ist. Die Zahlen lauten für Wasser:

Schmelzwärme r_S = 334 kJ/kg

Verdampfungswärme r_D = 2256 kJ/kg (bei 100 °C)
r_D = 2500 kJ/kg (bei 0 °C)

Da die Moleküle am Siedepunkt mehr kinetische Energie besitzen, ist es verständlich, dass die Verdampfungswärme bei 100 °C kleiner ist als bei 0 °C.
Das untere Bild zeigt schematisch, wie die Übergänge zwischen den einzelnen Phasen bezeichnet werden. Im Abschnitt «Feuchte Luft» (Kapitel 4) werden diese Zusammenhänge speziell für Wasserdampf ausführlicher behandelt.

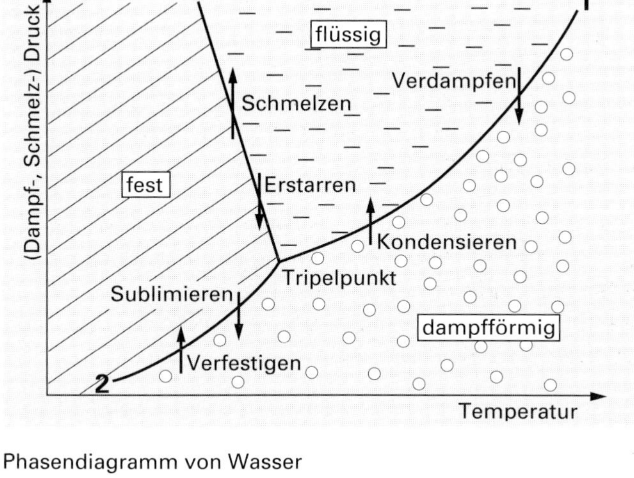

Phasendiagramm von Wasser

3.6 Exergie und Anergie (Wertigkeit)

3.6.1 Der Carnotwirkungsgrad

Der ungeordnete Charakter der Wärmebewegung hat zur Folge, dass Wärme nur unvollständig in Arbeit umgewandelt werden kann. Aus der Sicht der mechanischen Arbeitserzeugung ist Wärme daher die minderwertigste Form aller Energien.
Am einfachsten lassen sich die Verhältnisse am Schema einer Wärmekraftmaschine überblicken. Wärmeenergie Q_1 von hoher Temperatur wird von einer Kraftmaschine teilweise in Arbeit W (Exergie) umgewandelt, der Rest muss auf tieferem Temperaturniveau T_2 (in der Praxis Umgebungstemperatur) an die Umwelt abgegeben werden. Dieser Verlust wird als Anergie bezeichnet.

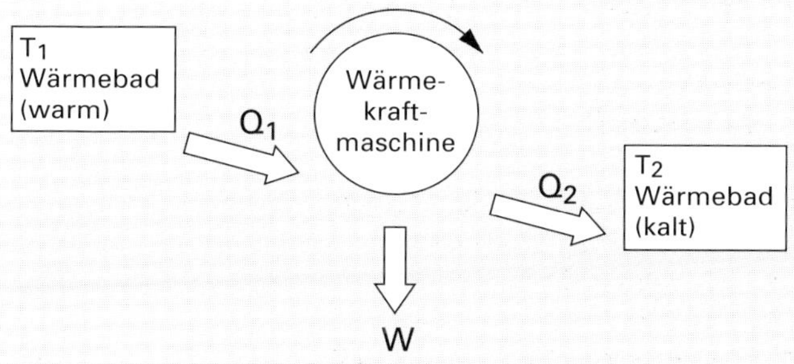

$$Q_1 = W + Q_2$$

Wärmeenergie ⇒ Exergie + Anergie
(Arbeit)

$$\eta = \frac{W}{Q_1} = \text{Wirkungsgrad}$$

Energieströme bei Wärmekraftmaschine schematisch

Der höchstmögliche Anteil der Wärmeenergie, welcher durch eine thermische Kraftmaschine in Arbeit verwandelt werden kann, heisst *Carnotwirkungsgrad* η_c. Er hängt nur von den beiden absoluten Temperaturen T_1 und T_2 ab.

$$\eta_c = \frac{(T_1 - T_2)}{T_1} = \frac{\Delta T}{T_1}$$

Der nicht weiter in Arbeit verwandelbare Anteil der ursprünglichen Wärmeenergie heisst Anergie. Er ist umso grösser, je kleiner die Temperaturdifferenz der Zu- und Abwärmetemperatur ist. Daraus folgt, dass Wärmeenergie von hoher Temperatur wertvoller ist als gleich viel Wärme von niederer Temperatur. Diese Aussage bezieht sich jedoch nur auf die Wandelbarkeit der Energie von Wärme in Arbeit. Wird letztlich Wärme als Nutzenergie gewünscht, so wird diese Klassierung wertlos. So ist z.B. die in den Kühltürmen von Kernkraft- oder anderen thermischen Kraftwerken anfallende Abwärme reine Anergie. Dies hindert jedoch niemanden daran, diese Anergie in Form von Fernwärme zu nutzen. Lediglich die weitere Umwandlung dieser Abwärme in elektrische Energie oder Arbeit wird durch den Entropiesatz eingeschränkt.

Bezogen auf 0 °C besitzen 200 Liter Wasser von 80 °C mehr Exergie als 400 Liter von 40 °C, obwohl beide Systeme den gleichen Wärmeinhalt (Enthalpie) besitzen. Wird das Wasser jedoch zum Baden benötigt, so ist 40grädiges Wasser nützlicher.

Merke: Es ist wichtig, unter welchem Gesichtspunkt die Energie bewertet wird. Bei unsachgemässer Anwendung des Exergiebegriffs kann man zu unsinnigen Beurteilungen verleitet werden.

Während Erdöl, Erdgas, Kohle, Holz als fossile Energieträger sowie Uran via Verbrennung und einen nachfolgenden thermischen Prozess nur unvollständig in Arbeit verwandelt werden können, gelingt die Umformung von Elektrizität in Arbeit nahezu vollständig. Aus diesem Grund darf elektrische Energie praktisch als reine Exergie bezeichnet werden.

3.6.2 Leistungsziffer von Wärmepumpen

Eine Wärmepumpe kann mit dem gleichen Schema wie die Wärmekraftmaschine beschrieben werden, wobei alle Energieströme in umgekehrter Richtung laufen. Minderwertige Wärme tiefer Temperatur (z.B. Umgebungswärme) wird mit Hilfe von mechanischer Arbeit W (Kompressor) auf eine höhere Temperatur «gepumpt».

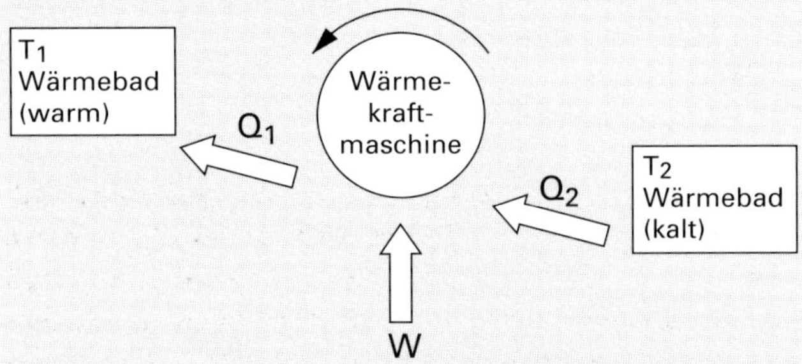

$$Q_1 = W + Q_2$$

Wärmeenergie ⇐ Exergie + Anergie
(Arbeit)

$$\varepsilon = \frac{Q_1}{W}$$

Energieströme bei Wärmepumpe schematisch

Der Quotient aus nutzbarer Wärme höherer Temperatur und aufgebrachter Arbeit W heisst *Leistungsziffer ε*.
Die ideale Wärmepumpe hat die Leistungsziffer ε_c:

$$\varepsilon_c = \frac{Q_1}{W} = \frac{T_1}{(T_1 - T_2)} = \frac{T_1}{\Delta T} = \frac{1}{\eta_c}$$

Im Gegensatz zur Wärmekraftmaschine wird die Leistungsziffer dann gross, wenn die Anergie um eine kleine Temperaturdifferenz hochgepumpt werden muss.

Infolge irreversibler Vorgänge, welche in wirklichen Pumpen zu Reibverlusten führen, werden die theoretischen Leistungsziffern in der Praxis nie erreicht. Als grobe Faustformel gilt:

$$\varepsilon \approx \frac{\varepsilon_c}{2}$$

Erreicht eine Wärmepumpe in der Praxis den Wert $\varepsilon = 3$, so stammen $^2/_3$ der Nutzenergie aus der Umwelt (Anergie). Nur $^1/_3$ muss für den Antrieb der Pumpe bezahlt werden (Exergie).

3.7 Wärmetransport (stationär)

3.7.1 Übersicht

Bestehen in einem Körper örtliche Temperaturunterschiede, so befindet er sich nicht im thermischen Gleichgewicht. Es fliesst stets Wärmeenergie von Stellen höherer zu Stellen niederer Temperatur. Der umgekehrte Vorgang läuft in der Natur von sich aus nie ab. Als Antrieb für den Wärmefluss muss eine Temperaturdifferenz ΔT vorhanden sein.
Die Ausbreitung der Wärme kann auf drei physikalisch verschiedene Arten erfolgen:

durch *Leitung, Konvektion oder Strahlung*.

Ausbreitungsart	Typische Beispiele
Wärmeleitung	Massive Wand, Decke, Boden, Dämmschicht, elektrische Kochplatte
Wärmekonvektion	
– freie	Aufsteigende Luft über heisser Strasse, Winde, Meeresströmungen, Schwerkraftheizung
– erzwungene	Wasserumlauf in Zentralheizung, Ventilator, Haartrockner, Warmluftheizung
Wärmestrahlung	Sonne, Glühlampen, Heizstrahler

Fliesst nach allfälligen Ausgleichsvorgängen überall gleich viel Energie in ein Volumenelement hinein wie heraus, so bleibt die örtliche Temperaturverteilung unverändert. Solche dynamisch eingespielten Zustände nennen wir stationär. Im stationären Zustand sind Aufheiz- und Auskühlprozesse abgeschlossen. Die Wärmekapazität c tritt daher nicht mehr in Erscheinung, da die Speichertemperaturen ihre Endwerte erreicht haben.

3.7.2 Wärmeleitung

Die Grundaufgabe besteht darin, aus der Temperaturdifferenz, den geometrischen Abmessungen und den Materialeigenschaften eines Bauteils die Wärmestromdichte $\dot{q}$ zu berechnen. Sie ist definiert als die Wärmeenergie, welche pro Zeit- und Flächeneinheit durch ein Bauelement fliesst:

$$\dot{q} = \frac{\Delta Q}{\Delta t \cdot A} = \frac{\dot{Q}}{A}$$

$\dot{Q}$ = Wärmestrom
A = Fläche

Für eine ebene homogene Wand im Regelquerschnitt gilt das Gesetz von Fourier:

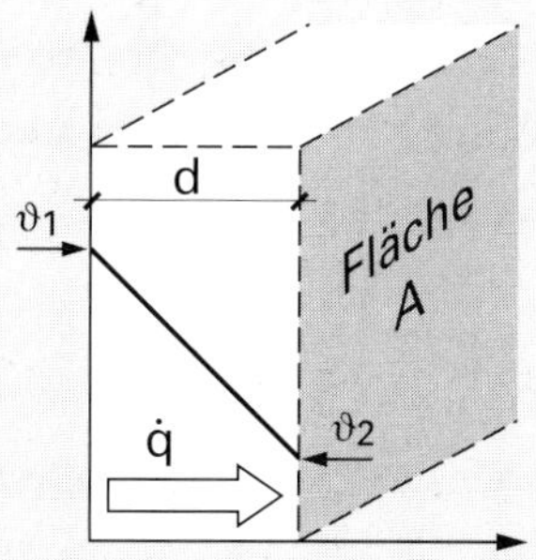

$$\dot{q} = \frac{\lambda}{d} \cdot (\vartheta_1 - \vartheta_2) = \frac{\Delta\vartheta}{R}$$

$\dot{q}$ = Wärmestromdichte = $\dot{Q} / A$
$\Delta\vartheta$ = Temperaturdifferenz
R = Wärmedurchlasswiderstand = d / λ
d = Wanddicke
λ = Wärmeleitfähigkeit

> Die Wärmestromdichte ist der Temperaturdifferenz direkt, dem Widerstand indirekt proportional. R ist umso grösser, je dicker die Wand und je kleiner die Leitfähigkeit.

3.7.3 Wärmekonvektion, Wärmeübergangskoeffizienten

Damit ein Wärmefluss von der Raumluft an eine feste Oberfläche überhaupt stattfinden kann, muss zwischen Luft und Wandoberfläche eine Temperaturdifferenz bestehen. Die angrenzende Luft ist stets leicht bewegt, so dass nebst Wärmeleitungs- auch Konvektions- und Strahlungsvorgänge eine Rolle spielen. Der Wärmeübergang zwischen Luft und festen Bauteilen (Wände, Decken, Fensterscheiben, Radiatoren) ist deshalb recht kompliziert. Die Temperaturverläufe in den Übergangszonen sind meistens unbekannt. Für praktische Rechnungen fasst man alle Einflüsse mit einer Übergangszahl α zusammen und schreibt:

$$\dot{q} = \alpha \cdot \Delta\vartheta$$

Im stationären Zustand muss die Wärmestromdichte an jeder Stelle eines Regelquerschnittes gleich gross sein. Da $\dot{q}$ in jeder Schicht sowie in den Übergangszonen als Quotient einer Temperaturdifferenz und dem zugehörigen Wärmewiderstand geschrieben werden kann, ergibt sich als Temperaturverlauf in einem ϑ-R-Diagramm eine Gerade. Die Neigung dieser Geraden stellt die überall konstante Wärmestromdichte $\dot{q}$ dar (ähnliche Dreiecke).

Rechenwerte für Wärmeübergangskoeffizienten
Die Übergangszahlen sind von den geometrischen Verhältnissen, von der Rauhigkeit der Wände, von den Strahlungseigenschaften der Oberflächen und aus-

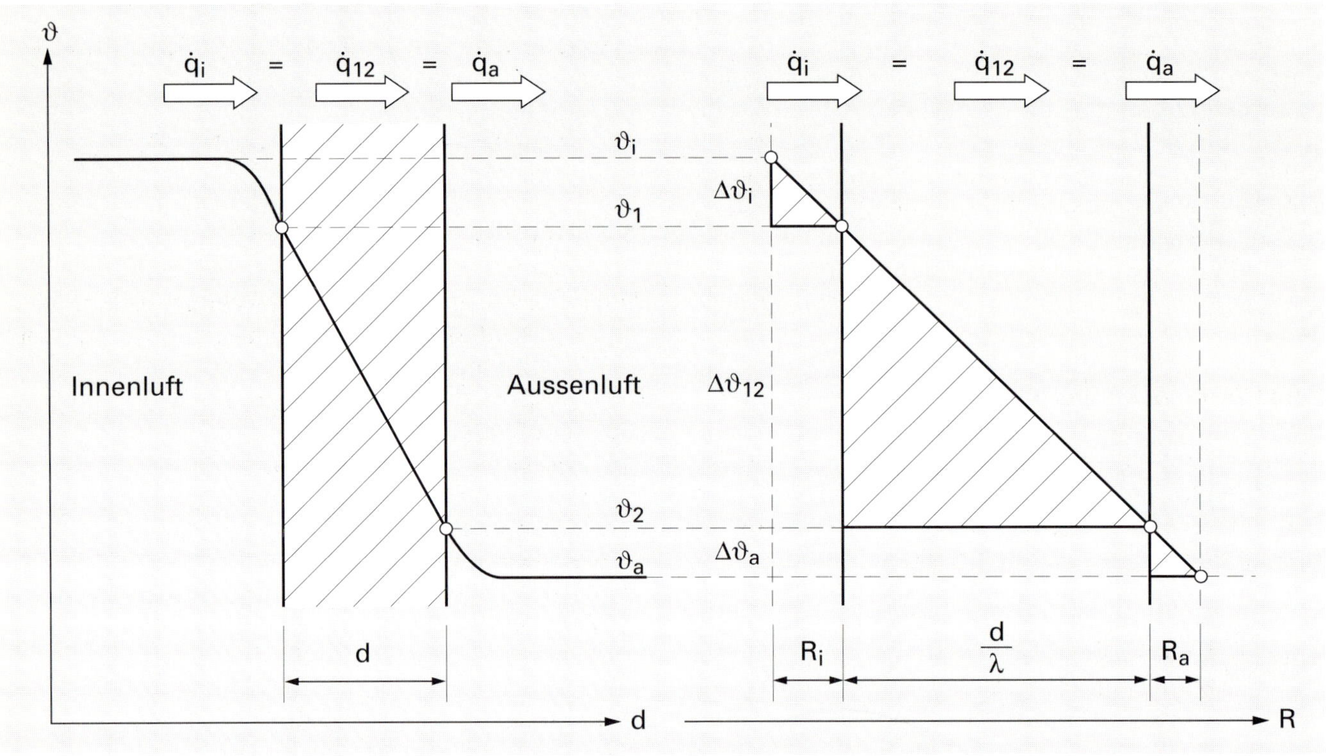

ϑ–d-Diagramm

ϑ–R-Diagramm

sen vor allem von der Windstärke abhängig. Eine detaillierte Berechnung ist sehr schwierig. Im Bauwesen benützt man folgende Rechenwerte:

α_i =	8 W/m²K	innen
α_a =	20 W/m²K	aussen

Die Windverhältnisse sind nicht nur vom Wetter, sondern auch von der Art der Bebauung abhängig. In freien, ungeschützten Lagen können die äusseren Übergangszahlen Werte bis α_a = 100 W/m²K aufweisen.
Die Übergangszahlen setzen sich aus einem Konvektionsanteil α_k und einem Strahlungsanteil α_s zusammen, welche für bauphysikalische Zwecke bei Bedarf mit folgenden Formeln angenähert werden können.

Konvektiver Übergangskoeffizient α_k
Dieser Anteil wird vor allem durch die Windgeschwindigkeit v beeinflusst.

Für Werte zwischen 1 und 10 m/s gilt näherungsweise die Zahlenwertgleichung:

$$\alpha_k \approx 5 \cdot v$$

v in m/s
α_k in W/m²K

Die Angaben verschiedener Autoren über den Zusammenhang $\alpha_k(v)$ sind grossen Streuungen unterworfen, wie aus folgender Grafik hervorgeht (Quelle: Element 29).

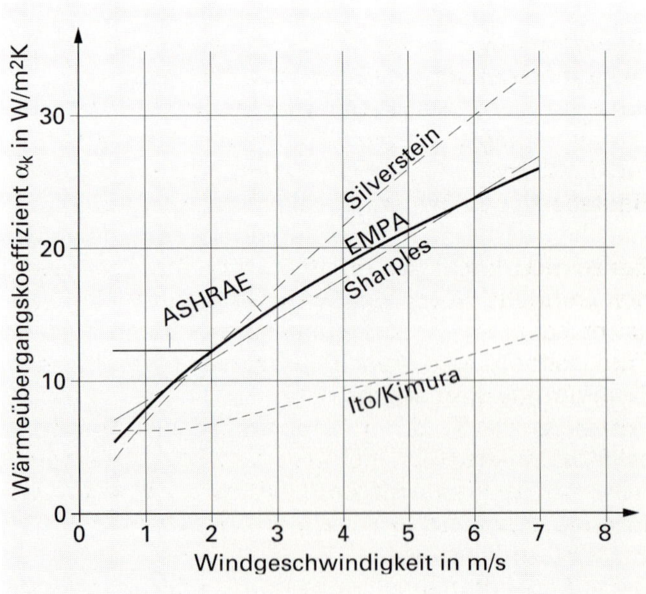

Strahlungsübergangskoeffizient α_s
Der Strahlungsanteil kann aus dem Gesetz von Stefan-Boltzmann abgeleitet werden (siehe Wärmestrahlung). Für nichtmetallische ebene Oberflächen gilt für bauphysikalische Anwendungen mit genügender Genauigkeit:

$\alpha_s \approx 4 \cdot \sigma \cdot \varepsilon \cdot T^3$

$\sigma = 5{,}67 \cdot 10^{-8}\ \mathrm{W/m^2K^4}$

$T = \dfrac{(T_1 + T_2)}{2}$ = Mitteltemperatur

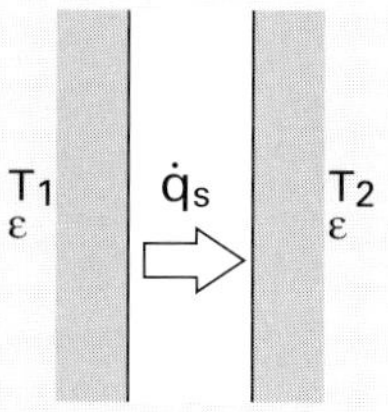

– Eine Schicht: $R_{tot} = R_i + R_1 + R_a \qquad R_1 = \dfrac{d}{\lambda}$

– Mehrere Schichten: $R_{tot} = R_i + \sum R_k + R_a \qquad R_k = \dfrac{d_k}{\lambda_k}$

k-te Schicht

Die übrigen Formeln gelten analog.

Merke: Zur Berechnung des k-Wertes addiere man alle Widerstände und bilde den Reziprokwert.

3.7.4 Wärmedurchgang und k-Wert

Wegen der Ähnlichkeit der Dreiecke im ϑ-R-Diagramm ist die Wärmestromdichte $\dot{q}$ identisch mit dem Quotienten aus der gesamten Temperaturdifferenz $(\vartheta_i - \vartheta_a)$ und dem gesamten Widerstand R_{tot}:

$$\dot{q} = \frac{\Delta\vartheta_{tot}}{R_{tot}} = \frac{(\vartheta_i - \vartheta_a)}{\dfrac{1}{\alpha_i} + \dfrac{d}{\lambda} + \dfrac{1}{\alpha_a}}$$

Mit der Abkürzung $k = \dfrac{1}{\dfrac{1}{\alpha_i} + \dfrac{d}{\lambda} + \dfrac{1}{\alpha_a}}$ ergibt sich

$$\dot{q} = k \cdot \Delta\vartheta_{tot} \qquad k = \frac{1}{R_{tot}}$$

Material	λ in W/mK
ruhende Luft	0,02
Steinwolle	0,04
Holzfaserplatte weich	0,06
Holzfaserplatte hart	0,17
Holz massiv	0,2
Isolierstein	0,5
Wasser	0,6
Glas	0,8
Erde trocken	1,0
Beton	1,5
Stahlbeton	1,8
Erde feucht	2,0
Granit	3,0
Stahl	60
Aluminium	200

Wärmeleitzahlen in W/mK (Richtwerte)

Im Faktor k sind die Wärmeleitungseigenschaften der Wand und der Wärmeübergang an den Bauteil-Oberflächen zusammengefasst. Man bezeichnet k als Wärmedurchgangskoeffizient (kurz k-Wert). Er ist ein Mass für die Wärmeverluste. Die Wärmedämmung eines Bauteils ist umso besser, je kleiner der k-Wert ist.

Zur Berechnung von $\dot{q}$ mit Hilfe des k-Wertes müssen die Oberflächentemperaturen der Wand nicht bekannt sein. Sie werden jedoch zum Nachweis der Tauwasserfreiheit der Oberflächen (Feuchtigkeit, Dampfdiffusion) benötigt.
Zur Berechnung der Oberflächen- und Zwischenschichttemperaturen (bei mehrschichtigen Wänden) benützt man die *Proportionalität zwischen Temperaturdifferenzen und zugehörigen Widerständen.*

Diese Proportionalität gilt in ihrer zwei- oder dreidimensionalen Verallgemeinerung auch bei komplizierten Wärmestromlinienverläufen, wie sie vor allem bei Wärmebrücken vorkommen.

Mehrschichtige Wände
Die Überlegungen an einer einschaligen Wand können sinngemäss auf Bauteile mit beliebig vielen Schichten übertragen werden:

Bei Stoffen, welche zur gleichen Materialgruppe gehören (Steine, Holz, Mineralfaserstoffe) nimmt die Wärmeleitfähigkeit mit der Dichte im allgemeinen zu, da die eingeschlossene Luft den Hauptanteil zum Wärmedämmvermögen beisteuert. Dies ist allerdings nur solange gültig, als die in den Poren eingeschlossene Luft nicht zirkulieren kann (Konvektion). Für die Berechnung des Wärmewiderstandes von Luftschichten mit Konvektionsanteil darf deshalb die Formel $R = d/\lambda$ nicht angewendet werden.
Wie die Tabelle zeigt, ist die Leitfähigkeit von Aluminium etwa 10'000 mal grösser als diejenige von ruhender Luft. Um tiefe k-Werte zu erreichen, müssen deshalb Durchdringungen der Wärmedämmschicht mit metallischen Teilen vermieden werden (Wärmebrükken).

3.7.5 Wärmedurchgang durch Luftschichten

Für die Berechnung der k-Werte von mehrfach verglasten Fenstern spielen die Luftschichten eine entscheidende Rolle. Strahlung, Leitung und Konvektion sind am Wärmefluss beteiligt, wobei meistens die Strahlung dominiert. Der verbleibende Anteil rührt bei dünnen Schichten vorwiegend von der Leitung, bei

dickeren von der Konvektion her. Das folgende Diagramm zeigt die Abhängigkeit $R_L(d)$.
Die zugehörige Tabelle gibt Auskunft über die Wärmedurchlasszahl $\Lambda = 1/R_L$, sowie über die prozentuale Aufteilung in Strahlung, Leitung und Konvektion als Funktion der Luftschichtdicke d.

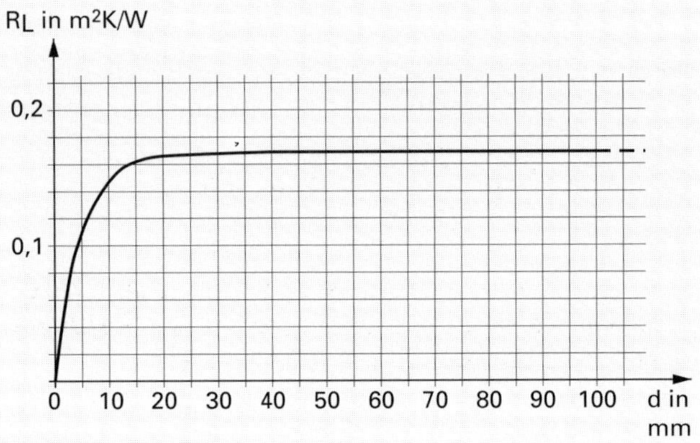

Dicke	Durchlasszahl Λ	Strahlung	Leitung	Konvektion
mm	W/m²K	%	%	%
3	12,30	35	65	–
5	9,07	47	53	–
10	6,77	63	35	2
15	6,16	69	26	5
20	6,00	71	20	9
25	5,95	72	16	12
30	5,94	72	13	15
40	5,93	72	10	18
60	5,90	72	7	21
80	5,90	73	5	22
100	5,90	72	4	24

Wärmedurchgang durch vertikale Luftschichten
($\varepsilon = 0{,}9$; Mitteltemperatur 10 °C)

3.7.6 Berechnung der Transmissionsverluste

Aus der Fouriergleichung für die Wärmestromdichte $\dot{q} = k \cdot \Delta T_{tot}$ lässt sich der Wärmeverlust für eine bestimmte Aussenfläche A während eines kurzen Zeitintervalls Δt wie folgt berechnen:

Wärmestrom für Fläche A: $\dot{Q} = \dot{q} \cdot A$

Energietransport während Δt: $\Delta Q = \dot{q} \cdot A \cdot \Delta t$
$\Delta Q = k \cdot A \cdot \Delta T_{tot} \cdot \Delta t$

Merke: Die Einheit für ΔQ im internationalen Masssystem folgt aus den Einheiten für k, A, ΔT, Δt zu:

$$[\Delta Q] = \frac{W}{m^2K} \cdot m^2 \cdot K \cdot s = Ws = Joule = J$$

Werden Zeitintervalle in Stunden (h), Tagen (d) oder Jahren (a) benützt, so ergeben sich andere Energieeinheiten. Ändert während eines längeren Zeitintervalls (z.B. Monat, Saison usw.) die Aussentemperatur massgeblich, so müssen die Tagesverluste mit den entsprechenden Temperaturdifferenzen $T_i - T_a = \Delta T_{ia}$ einzeln berechnet und aufsummiert werden. T_i und T_a sind die Tagesmitteltemperaturen innen und aussen.

Verlust am 1. Tag: $\Delta Q_1 = k \cdot A \cdot \Delta T_{ia_1} \cdot \Delta t_1$
Verlust am 2. Tag: $\Delta Q_2 = k \cdot A \cdot \Delta T_{ia_2} \cdot \Delta t_2$

Verlust am x. Tag: $\Delta Q_x = k \cdot A \cdot \Delta T_{ia_x} \cdot \Delta t_x$

Gesamtverlust: $Q_{tot} = k \cdot A \cdot \sum \Delta T_{ia_x} \cdot \Delta t_x$

$$Q_{tot} = k \cdot A \cdot HGT$$

mit $HGT = \sum \Delta T_{ia_x} \cdot \Delta t_x$

Beträgt die mittlere Tagestemperatur mehr als 12 °C (Heizgrenze), so wird der betreffende Tag nicht als Heiztag gezählt und kommt in der Summe für HGT nicht vor.

Die Heizgradtagzahl HGT stellt in erster Linie eine Klimagrösse dar und muss der Klimastatistik entnommen werden.
Man beachte, dass die verlangte Innenlufttemperatur T_i die HGT-Zahl massgeblich mitbestimmt (Betriebsgrösse). Wo nichts anderes vermerkt ist, gilt für T_i 20 °C und für die Heizgrenze 12 °C.

Die folgende Tabelle enthält HGT-Zahlen für verschiedene Ortschaften (aus Empfehlung SIA 380/1).

Ort	HGT in Kd
Altdorf	3443
Bad Ragaz	3581
Basel	3348
Bern	3668
Bever	6688
Davos	5884
Fribourg	3872
Genf	3072
La Chaux-de-Fonds	4185
Lugano	2644
Lausanne	3377
Sion	3237
Zürich SMA	3717

Graphische Interpretation von HGT
Die Heizgradtagzahl HGT kann als Fläche gedeutet werden zwischen Innenlufttemperatur und variabler Aussenlufttemperatur über die ganze Heizperiode.

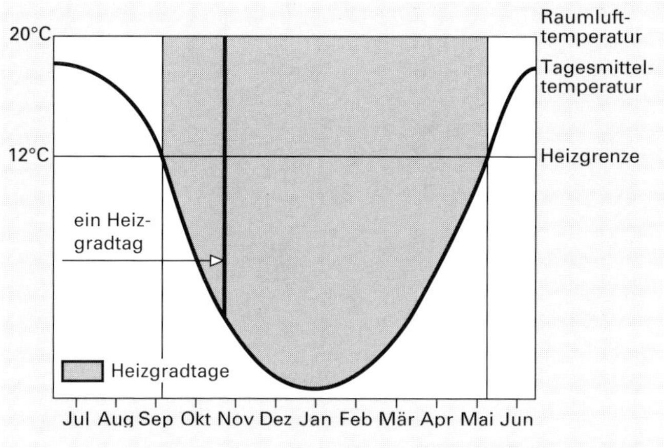

Ein Tag mit einer Durchschnittstemperatur von 12 °C oder weniger gilt als Heiztag, die entsprechende Temperatur heisst Heizgrenze. Wenn nichts anderes erwähnt wird, beziehen sich die Heizgradtagzahlen auf 20 °C Innentemperatur und 12 °C Heizgrenze.

Der mittlere k-Wert
Eine Gebäudehülle besteht im allgemeinen aus Flächenanteilen mit unterschiedlichen k-Werten. Für die gesamten Wärmeverluste infolge Transmission muss somit bei einheitlichen Lufttemperaturen innen und aussen der mittlere k-Wert $\bar{k}$ eingesetzt werden.

$$\bar{k} = \frac{k_1 \cdot A_1 + k_2 \cdot A_2}{A_1 + A_2}$$ Mittel aus 2 Werten

Daraus ergibt sich im einfachsten Fall folgende Beziehung für die gesamten Transmissionsverluste eines Gebäudes während einer Heizsaison:

$$Q_t = \bar{k} \cdot A \cdot HGT$$

Achtung auf die Einheiten
Setzt man die HGT ohne Einheitsanpassung ein, so ergeben sich die Transmissionsverluste in Watt-Tagen Wd. Um praktische Einheiten zu erhalten, muss der Tag entweder in Stunden h oder in Sekunden s umgerechnet werden.

$$1\,W \cdot d = 24 \quad Wh$$ Einheitengleichung

$$1\,W \cdot d = \frac{24}{1000} \quad kWh$$

Die Formeln der SIA-Normen enthalten deshalb häufig numerische Zahlenfaktoren.

Beispiele:

$$Q_t = k \cdot A \cdot HGT \cdot \frac{24}{1000} \Longrightarrow kWh$$

oder

$$Q_t = k \cdot A \cdot HGT \cdot \frac{24 \cdot 3{,}6}{1000} \Longrightarrow MJ$$

Es wird hier darauf hingewiesen, dass durch dieses Vorgehen die betreffenden Formeln den Status von Grössengleichungen der Physik verlieren.

3.8 Die Strahlungsgesetze des schwarzen Körpers

38

Begriff
Aus eigener Erfahrung wissen wir, dass heisse Körper Wärme abstrahlen. Das wichtigste Beispiel für die Wärmestrahlung ist die Sonne, dank welcher Leben auf unserem Planeten erst möglich wurde. In der Nähe eines lodernden Feuers kann die Strahlungshitze im Gesicht fast unerträglich sein, während man gleichzeitig am Rücken fröstelt. Dies hängt damit zusammen, dass sich Wärmestrahlen – wie Licht – nur geradlinig ausbreiten können. Tatsächlich unterscheiden sich Wärmestrahlen von Lichtstrahlen prinzipiell nicht. In beiden Fällen handelt es sich um *elektromagnetische Wellen*. Verschieden ist lediglich die Wellenlänge.

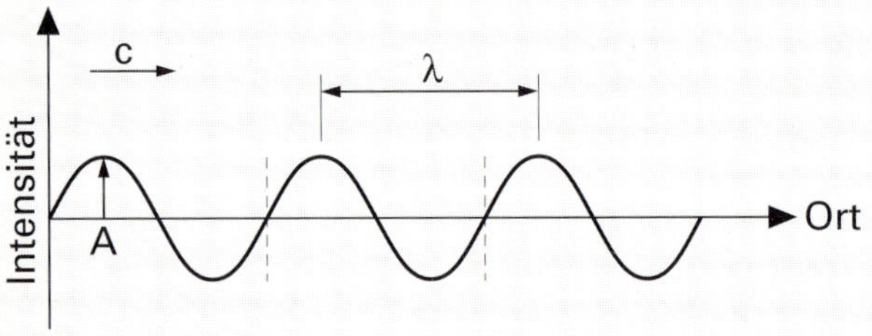

λ = Wellenlänge, wird im sichtbaren Bereich subjektiv als Farbe empfunden

f = Frequenz (Anzahl Schwingungen pro Sekunde)

c = Ausbreitungsgeschwindigkeit

A = Amplitude (hat keinen Einfluss auf c)

Für alle Wellen gilt:

$$c = \lambda \cdot f$$

Die Gesamtheit aller elektromagnetischen Wellen, oft als elektromagnetisches Spektrum bezeichnet, umfasst neben Wärmestrahlung und Licht auch Radio- und Fernsehwellen, Ultraviolett- und Röntgenstrahlen. Auch die für den Menschen gefährliche radioaktive Gammastrahlung gehört zu den elektromagnetischen Wellen. Aus historischen Gründen haben die verschiedenen Spektralbereiche ganz unterschiedliche Namen erhalten. Als die Radiowellen entdeckt wurden, wusste man noch nichts von Röntgenstrahlen.

Im folgenden einige Grössenordnungen von Wellenlängen samt den zugehörigen Bezeichnungen und Anwendungen:

Wellenlänge	Bereich	Anwendung
1 m	Radiowelle	UKW-Sender
0,01 mm	Wärmestrahlen	Infrarotheizung
300 nm	UV-Strahlen	Höhensonne
500 nm	grünes Licht	Verkehrsampel
1 nm	Röntgenstrahlen	Schirmbild
1 pm	Gammastrahlen	Krebstherapie

Die Gleichartigkeit aller elektromagnetischen Wellen äussert sich in ihrer gemeinsamen Ausbreitungsgeschwindigkeit. Sie beträgt im Vakuum:

$$c_0 = 2{,}9979 \cdot 10^8 \text{ m/s} \cong 300'000 \text{ km/s}$$

Merke: Der Begriff Farbe ist nicht streng definiert. Trotzdem besteht zwischen Wellenlänge-Bereichen und Farbempfindung ein qualitativer Zusammenhang.

Farbe	Wellenlänge in nm
violett	380 bis 430
blau	430 bis 485
grün	485 bis 555
gelb	555 bis 600
orange	600 bis 640
rot	640 bis 750

Zusammenhang zwischen Farbe und Wellenlänge

Spektrum der Sonnenstrahlung
Die Sonne sendet ständig sehr viel Energie (als Wärme und Licht) zur Erde, ausserhalb der Erdatmosphäre beträgt die Intensität 1400 W/m^2. Man nennt diese Zahl auch Solarkonstante. Auf der Erdoberfläche, nach dem Durchgang durch die Atmosphäre, ist der Wert wegen der darin stattfindenden Absorption und Zerstreuung nur noch etwa halb so gross.

Es ist typisch für alle Strahlungsprobleme, dass sowohl Emission, Absorption, Transmission und Reflexion von Licht stark von der Wellenlänge abhängig sind. So ist eine Fensterglasscheibe für sichtbares Licht durchlässig, für ultraviolettes mit $\lambda < 0{,}3\ \mu m$ praktisch undurchlässig.
Aus diesem Grund wird man hinter Fensterglas nicht braun.

Die Strahlungsgesetze
Die Wärmestrahlungsgesetze sind sehr genau bekannt. Sie wurden um 1900 von Max Planck abschlies-

send formuliert. Gewisse Teilgesetze waren schon früher bekannt, weshalb sie verschiedene Namen tragen. Im folgenden werden die wichtigsten Aussagen, welche aus der allgemeinen Theorie folgen, ohne Herleitung dargestellt.

1. Gesetz von Stefan-Boltzmann

Jeder Körper strahlt aufgrund seiner absoluten Temperatur Wärme ab. Die abgestrahlte Leistung pro Flächeneinheit (Wärmestromdichte $\dot{q}$ oder Intensität I) ist der vierten Potenz der Temperatur proportional:

$$I = \dot{q} = \frac{\dot{Q}}{A} = \varepsilon \cdot \sigma \cdot T^4$$

$\dot{q}$ = abgestrahlte Leistung pro Flächeneinheit in W/m²

T = absolute Temperatur in K

σ = Stefan-Boltzmann-Konstante = $5{,}67 \cdot 10^{-8}$ W/m²K⁴

ε = Emissionszahl, eine Materialgrösse von der Art eines Wirkungsgrades. Alle Körper haben ε-Werte unter 1. Der ideale schwarze Körper (Emissionszahl $\varepsilon = 1$) strahlt die grösstmögliche Leistung ab. Viele reelle Körper erreichen jedoch ε-Werte nahe bei 1 (siehe Tabelle «Emissionsvermögen einiger Stoffe).

In der Praxis steht dieser Abstrahlung in den meisten Fällen auch eine Rückstrahlung (z.B. Fensterscheiben, Umgebung, Atmosphäre) gegenüber. Für die Nettoabstrahlung gilt näherungsweise:

$$\dot{q}_{netto} = \varepsilon \cdot \sigma \, (T^4 - T_u^4)$$

mit T_u = Umgebungstemperatur

Durch mathematische Umformung kann die Formel linearisiert werden:

$$\dot{q} \approx 4 \cdot \varepsilon \cdot \sigma \cdot T^3 \cdot (T - T_u) = \alpha_s \cdot \Delta T$$

mit $\alpha_s = 4 \cdot \varepsilon \cdot \sigma \cdot T^3$

Oberfläche	ε
Kupfer, poliert	0,03
Aluminium, walzblank	0,04
Aluminium, eloxiert	0,92
Eisen,geschmirgelt	0,24
Eisen, verrostet	0,85
Heizkörperlack	0,92
schwarzer Lack, matt	0,97
Holz	0,94
Eis, Schnee	0,97

Emissionsvermögen einiger Stoffe im IR-Bereich

Merke: Blanke Metalle haben kleine, Nichtmetalle grosse ε-Werte.

2. Planck'sches Strahlungsgesetz

Die Verteilung der abgestrahlten Leistung auf verschiedene Wellenlängen ist nicht gleichmässig. Sie hängt neben der Wellenlänge noch stark von der Temperatur des strahlenden Körpers ab.
Die Herleitung dieser Verteilungsfunktion für den schwarzen Körper ($\varepsilon = 1$) stammt von Planck.
Anstelle der Strahlungsformel, deren Aufbau etwas kompliziert ist, wird die spektrale Energieverteilung für 3 verschiedene Temperaturen in einem Diagramm wiedergegeben.

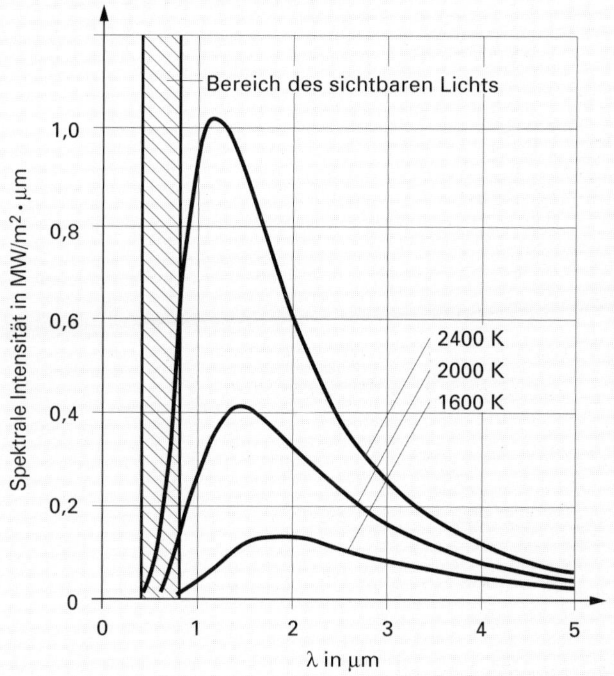

Energieverteilung der «schwarzen Strahlung» (Planck)

3. Gesetz von Wien

Das Maximum der Strahlungsintensität verschiebt sich mit zunehmender Temperatur gegen kürzere Wellenlängen. Es gilt:

$$\lambda_{max} \cdot T = \text{konstant} = 2880\ \mu m \cdot K$$

Diese Gleichung erlaubt es, aus der Wellenlänge des Intensitätsmaximums die Oberflächentemperatur des strahlenden Körpers zu berechnen. Als Beispiel bestimmen wir die Oberflächentemperatur der Sonne. Das Maximum der Intensität liegt bei 0,47 µm.

Daraus folgt:

$$T = \frac{2880\ \mu mK}{0{,}47\ \mu m} = 6130\ K$$

4. Gesetz von Kirchhoff
Je besser ein Körper Wärme abstrahlt, desto besser absorbiert er die Wärmestrahlung. Dies bedeutet, dass schwarze Körper die Strahlung stärker absorbieren als helle. Aus diesem Grund können dunkle Fassaden oder Flachdächer unter Sonnenbestrahlung (auch bei niedrigen Lufttemperaturen) sehr stark erwärmt werden.
Anderseits können sich dem klaren Nachthimmel zugewandte Oberflächen um mehrere Grad unter die Lufttemperatur abkühlen und so zu Vereisung von Strassen oder Autoscheiben sowie zu Frostgefahr an biologischen Kulturen führen.

5. Abstandsgesetz
Die Strahlungsintensität $\dot{q}$ nimmt bei punktförmigen Strahlungsquellen quadratisch mit dem Abstand ab. Dies ist eine Folge der Energieerhaltung.

$$\dot{q} = \frac{\dot{Q}}{4\,\pi\, r^2}$$

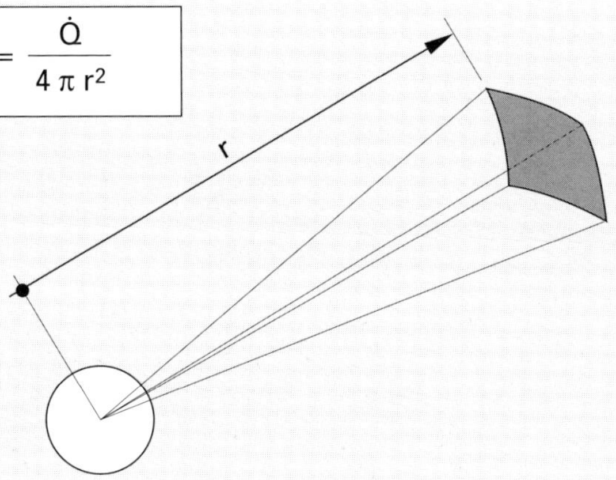

3.9 Einblick in instationäre Wärmeprobleme

Das thermische Verhalten eines Gebäudes, eines Raumes oder irgend eines Wärmespeichers ist derart komplex, dass eine exakte rechnerische Erfassung aller Details nicht möglich ist. In der Praxis sind sowohl die äusseren als auch die inneren thermischen Bedingungen dauernden Änderungen unterworfen.
Zwei Fälle, welche häufig vorkommen und durch einfache Kenngrössen erfasst werden können, seien im folgenden exemplarisch vorgestellt:
Das Auskühlen eines Wärmespeichers und die *periodische Temperaturstörung* einer Fassadenoberfläche. Die Kenngrössen für diese Vorgänge sind derart stark von instationärem Verhalten geprägt, dass eine Berechnung mit Mittelwerten zu keinem vernünftigen Ergebnis führt und daher unzulässig ist. Im ersten Fall handelt es sich um eine einmalige (Abstellen der Wärmezufuhr), beim andern um eine periodische Störung, welche z.B. als Folge der Sonnenstrahlung auf eine Fassadenoberfläche einwirkt.
Es ist typisch für alle instationären Vorgänge, dass nebst der Wärmeleitfähigkeit λ auch die Wärmekapazität c in den Kenngrössen auftritt.

3.9.1 Auskühlung eines Wärmespeichers (Sprungstörung)

Wird einem Wärmespeicher, welcher anfänglich im thermischen Gleichgewicht war (Wärmezufuhr = Wärmeverlust) plötzlich der Energienachschub entzogen, so wird das Speichermedium allmählich auskühlen, das heisst, die Temperatur wird sich der Umgebungstemperatur angleichen (siehe Abbildung «Entladekurve eines Speichers»). Der Vorgang ist sowohl physikalisch als auch mathematisch dem Entladen eines elektrischen Kondensators derart ähnlich, dass sinngemäss von einer thermischen Entladung gesprochen werden kann. Charakteristische Kenngrösse für solche Prozesse ist die Zeitkonstante τ. Sie wird aus der absoluten Wärmekapazität $m \cdot c$ und dem thermischen Widerstand $1 / k \cdot A$ der Leckfläche berechnet. Das zeitliche Auskühlverhalten genügt der Auskühlformel:

Auskühlformel:

$$u(t) = U_0 \cdot e^{-t/\tau}$$

$$\tau = \frac{m \cdot c}{k \cdot A}$$

$$u = \vartheta(t) - \vartheta_e$$

$$U_0 = \vartheta_0 - \vartheta_e$$

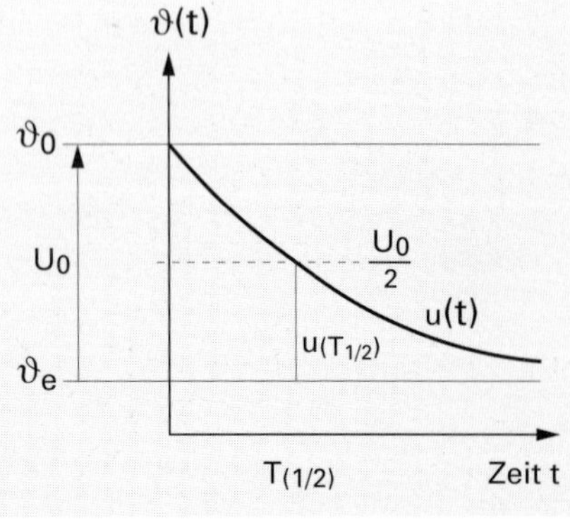

Entladekurve eines Speichers

Man beachte, dass in der Auskühlformel nur die Temperaturdifferenzen zwischen Speichermedium und Umgebung auftreten. Sie werden hier deshalb, analog zum elektrischen Vorgang, mit u bezeichnet und können als thermische Spannungen aufgefasst werden.
Oft wird anstelle der Zeitkonstante die Halbwertszeit $T_{1/2}$ benützt, nach welcher sich die Temperaturdifferenz jeweils halbiert: $T_{1/2} = \tau \cdot \ln 2$.
Treten nebst Transmissionsverlusten bei der Auskühlung zusätzliche Verluste durch Luftaustausch oder andere Phänomene (z.B. Verdunstung von Wasser) auf, so müssen diese zum Produkt k • A addiert werden.

3.9.2 Moor'sches Nomogramm für Wasserspeicher

Für das schnelle Bestimmen der Halbwertszeit eines Wärmespeichers kann das folgende Nomogramm benützt werden. Mit Hilfe der thermischen Dicke $D_{Therm} = V / A$ (Volumen Speichermedium zu Verlustfläche) und dem thermischen Widerstand $R = 1 / k \cdot A$ kann die Halbwertszeit $T_{1/2}$ abgelesen werden und umgekehrt.

Ablesebeispiel:
Kubischer Speicher mit Kantenlänge a = 80 cm
Isolation: 4 cm Mineralfaser (λ = 0,04 W/mK)

$$D_{therm} = \frac{80}{6} \text{ cm} = 13{,}3 \text{ cm} = 0{,}133 \text{ m}$$

$$R = \frac{d}{\lambda} + \frac{1}{\alpha} = 1{,}1 \text{ m}^2\text{K/W (mit } \alpha = 10 \text{ W/m}^2\text{K)}$$

Abgelesene Halbwertszeit = 5 Tage

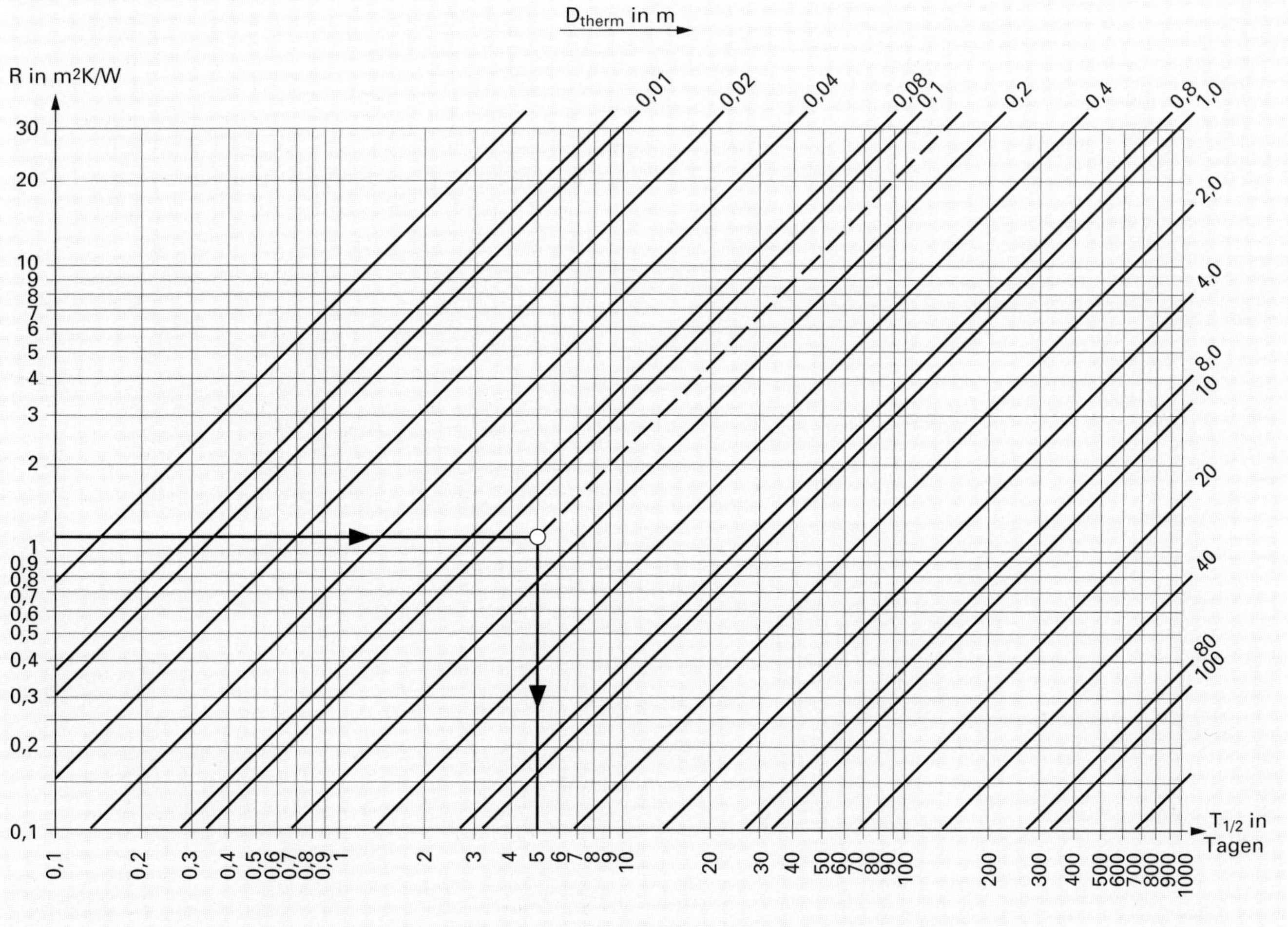

Speicher-Nomogramm für Wasserspeicher

Für einfache geometrische Formen der Speicher wie Kugel, Würfel, schlanker Zylinder, dünne Quader können folgende Werte für D_{therm} eingesetzt werden.

Speicher	Bild	D_{therm}
Kugel mit Radius R	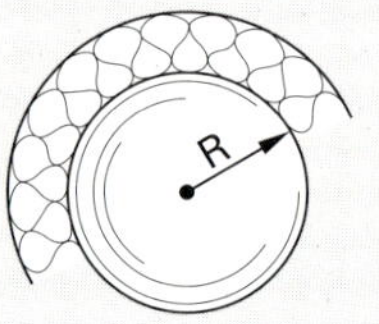	$\frac{R}{3}$
Würfel mit Kante a	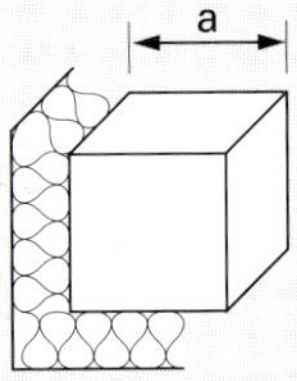	$\frac{a}{6}$
Schlanker Zylinder (Radius R)	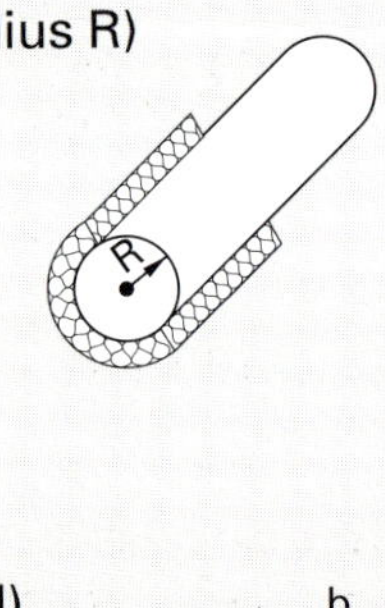	$\frac{R}{2}$
Flacher Quader (Dicke d)	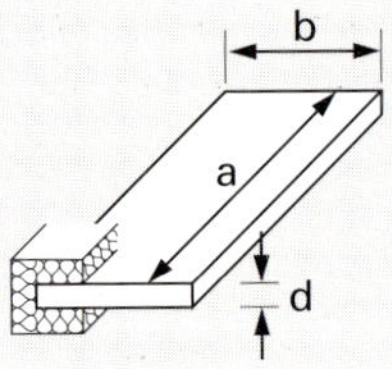	$\frac{d}{2}$

D_{therm} für einfache Speicherformen

3.9.3 Periodische Störungen

Als Beispiel betrachten wir die periodische Schwankung der Aussenlufttemperatur, welche auf eine Fassadenoberfläche einer Wand einwirkt.

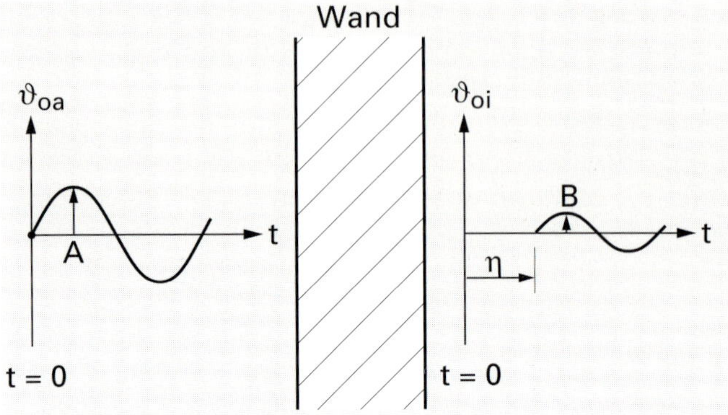

η = Phasenverschiebung
ν = Amplitudendämpfung = $\frac{A}{B}$

Die Antwort der Trennwand auf die Störung ist zweifach. Einerseits wird die Amplitude der Schwingung reduziert (Amplitudendämpfung ν), andererseits entsteht eine zeitliche Verzögerung (Phasenverschiebung η). Die Berechnung dieser beiden Grössen für beliebige Konstruktionen ist aufwendig. Für den Fall einer homogenen Wand lassen sich ν und η mit Hilfe der Kenngrösse z, welche von der Dicke d und den Materialeigenschaften der Wand sowie von der Periodendauer T der thermischen Schwankung abhängig ist, mit folgenden Näherungsformeln berechnen:

$$z = d \cdot \sqrt{\frac{\rho\, c}{\lambda}} \cdot \sqrt{\frac{\pi}{T}}$$

$$\boxed{\nu = \frac{1}{2}\, e^{z}}$$

$$\boxed{\eta = \frac{T \cdot z}{2\,\pi}}$$

Materialeigenschaften:
ρ Dichte
c spezifische Wärme-Kapazität
λ Wärmeleitfähigkeit

3.10 Wärmebrücken

Im Regelquerschnitt eines ebenen Bauteils laufen die Wärmestromlinien senkrecht und die Isothermen (Linien gleicher Temperatur) parallel zu den Bauteilbegrenzungen (siehe Abbildung «Isothermen im Regelquerschnitt einer Wand»).
Mathematisch handelt es sich um ein 1-dimensionales Problem.

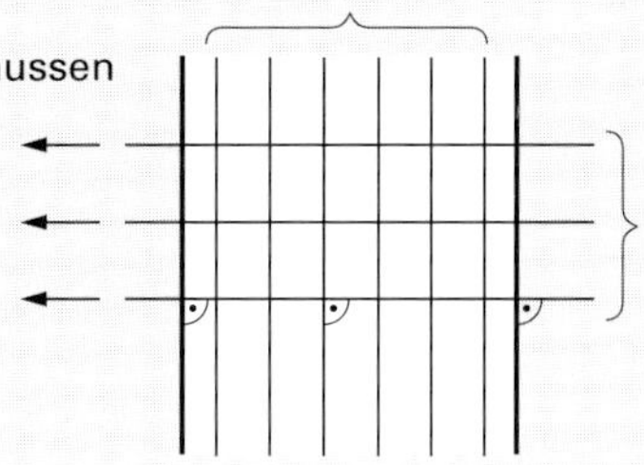

Isothermen im Regelquerschnitt einer Wand

Wärmebrücken sind Stellen in Bauteilen, an denen die Wärmestromlinien nicht senkrecht zu den Begrenzungsflächen, sondern infolge komplizierter Geometrie, unterschiedlicher Wärmeleitfähigkeiten der Baustoffe oder wegen Luftundichtigkeiten (Leckstellen) gekrümmt verlaufen.

Merke: Unabhängig von diesen Komplikationen schneiden sich Wärmestromlinien und Isothermen überall exakt senkrecht. Ferner bleibt die Proportionalität zwischen Widerständen und Temperaturdifferenzen auch in verbogenen Wärmeströmröhren erhalten. Dank dieser Gesetzmässigkeit lassen sich Isothermenbilder aus Wärmebrückenkatalogen mit Standardtemperaturen auf andere Temperaturwerte umrechnen.

Die Berechnung von Isothermenbildern ist bei Wärmebrücken nur mit Computerprogrammen möglich. Meistens interessiert man sich für die kritischen Oberflächentemperaturen sowie für die wärmebrückenbedingten zusätzlichen Wärmeverluste (lineare Zuschläge).

Die folgenden 3 Beispiele kommen in der Praxis häufig vor:

a) Gebäudeecke (geometrische Wärmebrücke)
Die vergrösserte Aussenoberfläche ist der Grund für die Absenkung der inneren Ecktemperatur. Dies führt zu einem erhöhten Wärmeabfluss. Mathematisch handelt es sich bei einer genügend langen Bauteilabmessung senkrecht zur Schnittebene um ein zweidimensionales Problem. Alle parallelen Schnitte weisen in diesem Fall dieselben Isothermenbilder auf.

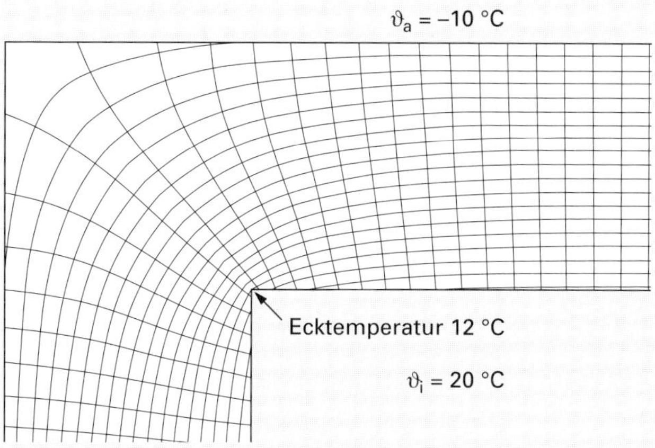

Isothermen und Wärmestromlinien bei Gebäudeecke (schematisch)

b) Sandwichelement mit Stahlanker (konstruktive Wärmebrücke)
Da die Stahlbolzen die Wärmestromlinien nicht nur in horizontaler, sondern auch in vertikaler Richtung verfälschen, handelt es sich hier um ein 3-dimensionales Problem.

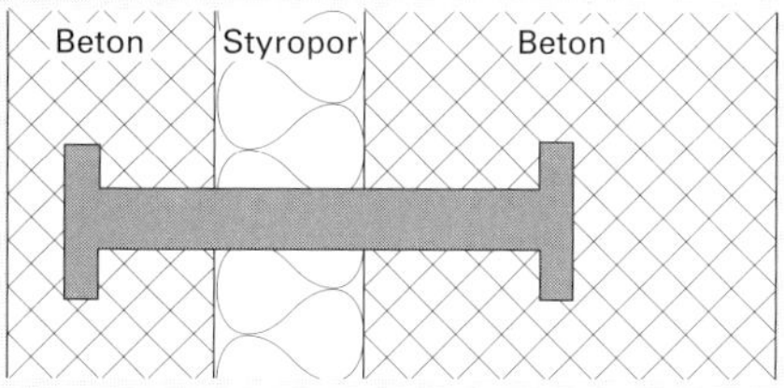

Stahlbolzen als Wärmebrücke

Wärmebrücken sind unerwünscht und sollten wenn möglich vermieden werden. Folgende Abbildung zeigt die fotografische Aufnahme einer nassen Betonfassade. Infolge der erhöhten Wärmeverluste der Befestigungsanker trockneten die entsprechenden Stellen schneller aus und heben sich als helle Flecken deutlich von der nassen Oberfläche ab.

Natürlich entstandenes «Isothermenbild»

c) Konvektive Wärmebrücken

In vielen Fällen treten Temperaturabsenkungen nicht infolge von erhöhter Wärmeleitung, sondern wegen unkontrollierter Konvektion auf (Leckagen in der Konstruktion, Fugenundichtigkeiten usw.).

Die Berechnung der Isothermen solcher konvektiver Wärmebrücken, welche zu hohen Wärmeverlusten führen können, ist infolge der komplizierten Strömungsverhältnisse nicht möglich. Die Temperaturverteilung an der Oberfläche kann jedoch durch Infrarotaufnahmen qualitativ sichtbar gemacht werden. Dunklere Stellen entsprechen tieferen Temperaturen.

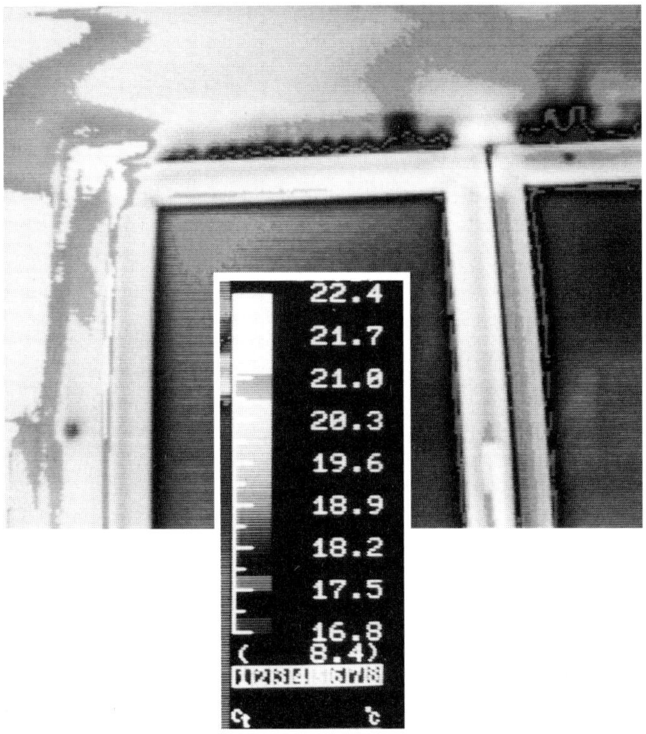

Thermographie einer konvektiven Wärmebrücke (Fensterfuge). Die Gummidichtungen wurden zu Versuchszwecken gelocht.

Formelsatz Wärme

Wärme	Symbol	Einheit	Gesetz Name
a) «Substanz» Wärmeenergie	Q	Ws = J Joule	Erhaltungsgrösse
b) Strom	$\dot{Q}$	$\frac{J}{s} = W$	Wärmestrom
Stromdichte	$\dot{q} = \frac{\dot{Q}}{A}$	$\frac{W}{m^2}$	Wärmestromdichte
c) Potential	T	K; °C	Temperatur
Spannung	ΔT		$\Delta T = T_1 - T_2 = u_{Thermisch}$
d) Strömungsgesetz			
Widerstand	$R = \frac{d}{\lambda}$	$\frac{m^2 K}{W}$	$\dot{q} = \frac{\Delta T}{R}$ Fourier (Leitung)
Leitwert	$\Lambda = \frac{1}{R}$	$\frac{W}{m^2 K}$	$\dot{q} = \alpha \cdot \Delta T$ Übergang
	$k = \frac{1}{R_{tot.}}$	$\frac{W}{m^2 K}$	$\dot{q} = k \cdot \Delta T_{tot.}$ Durchgang
e) Speichergleichung			$\Delta Q = m \cdot c \cdot \Delta T$
Kapazität	C	$\frac{J}{K}$	$C = m \cdot c$
Zeitkonstante	τ	s	$\tau = \frac{m \cdot c}{k \cdot A}$
Halbwertszeit	$T_{1/2}$	s	$T_{1/2} = \tau \cdot \ln 2$

4. Feuchte Luft

4.1 Zusammensetzung der Atmosphäre

Saubere, trockene Luft ist ein Gasgemisch, welches vorwiegend aus elementaren Gasen zusammengesetzt ist. Diese Komponenten nennt man daher *permanente Gase*.
Die wichtigsten Anteile sind in der folgenden Tabelle aufgeführt.

Gas	Symbol	Anteil in Vol-%
Stickstoff	N_2	78
Sauerstoff	O_2	21
Argon	Ar	0,9
Krypton	Kr	Spurengase
Xenon	Xe	
Neon	Ne	
Helium	He	
Wasserstoff	H_2	
Kohlendioxid	CO_2	
Methan	CH_4	
Ozon	O_3	

Zusammensetzung der trockenen Luft

Die Zusammensetzung der Atmosphäre war allerdings nicht zu allen Zeiten gleich wie heute. Am Anfang der Erdgeschichte hat sie sich zum Teil auf dramatische Art und Weise verändert. Insbesondere gab es am Anfang der Entwicklung des Lebens auf unserer Erde keinen Sauerstoff und sehr viel Kohlendioxid. Der Sauerstoff war für die ersten Lebewesen ein tödliches Gift. Erst im Laufe der Jahrmillionen hat sich das heutige Gleichgewicht zwischen Sauerstoff und Kohlendioxid eingestellt.

Neben den permanenten Komponenten enthält die Luft stets einen geringen Anteil an Wasser, welches in allen drei Aggregatzuständen auftreten kann:

- fester Zustand — Schnee,Hagel,Eiskristalle
- flüssiger Zustand — Regen, Nebel, Tau
- gasförmiger Zustand — Wasserdampf

Wasserdampf ist ein geruchloses, unsichtbares Gas. Bei sichtbarem «Dampf», zum Beispiel über siedendem Wasser, handelt es sich bereits um kleine Wassertröpfchen, ähnlich wie bei Nebel.
Die Tatsache , dass Wasser als einziges Gas der Lufthülle in allen drei Zuständen auftritt, führt im Bauwesen zu diversen unerwünschten Phänomenen wie Kondensatbildung, Korrosion, Frostschäden und ähnlichem.

4.2 Die Treibhausgase

Bei den Spurengasen, welche gesamthaft nur einen Anteil von 0,1 % ausmachen, spielen das Kohlendioxid, Methan und Ozon eine Sonderrolle. Da sie zum bereits erwähnten Treibhauseffekt in der Atmosphäre beitragen, werden sie auch Treibhausgase genannt. Speziell das Kohlendioxid, welches in den letzten 250 Jahren infolge der Verbrennung von fossilen Brennstoffen laufend zugenommen hat, liefert den Hauptbeitrag zur Erwärmung der Erdatmosphäre.

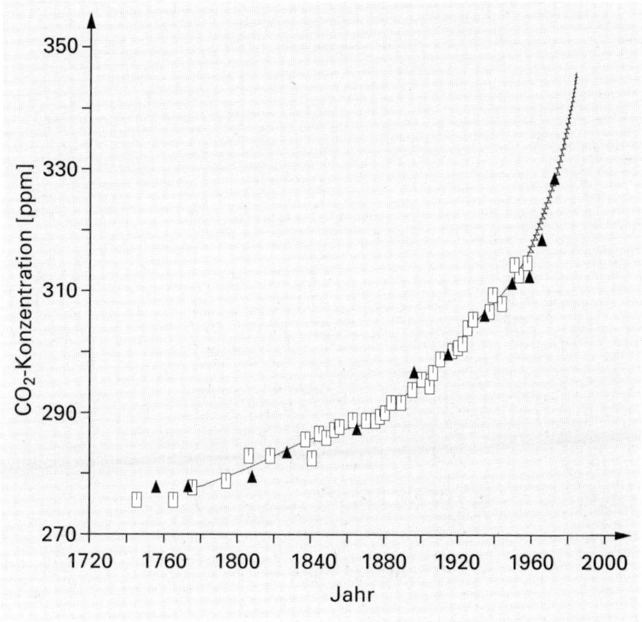

CO_2-Anstieg seit 1740

Obwohl der absolute Anteil von 280 ppm (part per million) als relativ klein bezeichnet werden muss, ist der relative Anteil in den letzten Jahren immer stärker angestiegen.
Die Schwierigkeit bei der Voraussage der Wirkung der Treibhausgase liegt darin, dass nicht genau bekannt ist, ob und in welchem Umfang nebst dem menschlichen Einfluss auch natürliche Phänomene wie Vulkantätigkeit und die Absorptionsfähigkeit der Ozeane eine Rolle spielen.

4.3 Der Partialdruck (Gesetz von Dalton)

In einem Gasgemisch (Volumen V, Temperatur T) übt jede Gaskomponente einen Teildruck (Partialdruck) p_i aus, der genau so gross ist, wie wenn alle restlichen Gase nicht vorhanden wären.
Für den Zusammenhang zwischen p_i, V und T gilt die Gasgleichung, welche im Abschnitt 3.3 vorgestellt wurde.

> Der Gesamtdruck ist die Summe aller Partialdrücke.

Da sowohl in der Bauphysik als auch in der Haustechnik der Partialdruck von Wasserdampf eine zentrale Rolle spielt (Dampfdiffusion, Befeuchtung, Tautemperatur), wird im folgenden die Berechnung des Partialdruckes an einem Zahlenbeispiel vorgeführt.

Beispiel:
In einem Wohnraum mit 20 °C Lufttemperatur enthalte jeder m³ Luft 10 Gramm Wasser in Dampfform. Dies bedeutet eine Partialdichte (manchmal auch Wassergehalt oder Wasserdampfkonzentration genannt) von $\rho_{H_2O} = 10\ g/m^3$.
Mit Hilfe der Gaskonstanten für Wasserdampf von $R_{H_2O} = 462\ J/kgK$ erhalten wir für den Partialdruck:

$$p_{H_2O} = m \cdot R_{H_2O} \cdot \frac{T}{V} = 0{,}01\ kg \cdot 462 \frac{J}{kg\ K} \cdot 293 \frac{K}{1\ m^3}$$

$$p_{H_2O} = 1353\ Pa$$

Die vorhandenen 10 g Wassermoleküle pro m³ erzeugen somit einen Teildruck von 1353 Pa.

4.4 Der Sättigungsdruck

Die Erfahrung zeigt, dass der Partialdruck von Wasserdampf bei einer bestimmten Temperatur nicht grösser sein kann als ein gewisser Grenz- oder Sättigungswert. Versucht man diesen Sättigungsdruck p_S durch Zuführen von Wasser (Befeuchtung) zu erhöhen, so steigt der Partialdruck nicht weiter an, sondern der überschüssige Wasserdampf wird in Form von flüssigem Wasser ausgeschieden. Man spricht dann von *Kondensat* (Schwitzwasser, Tau, Kondenswassser).
Für die Beziehung zwischen der Temperatur und dem Sättigungsdruck existiert keine einfache physikalische Formel, weshalb der Zusammenhang entweder grafisch oder tabellarisch wiedergegeben wird (Sättigungsdrucktabelle oder Sättigungsdruckkurve).

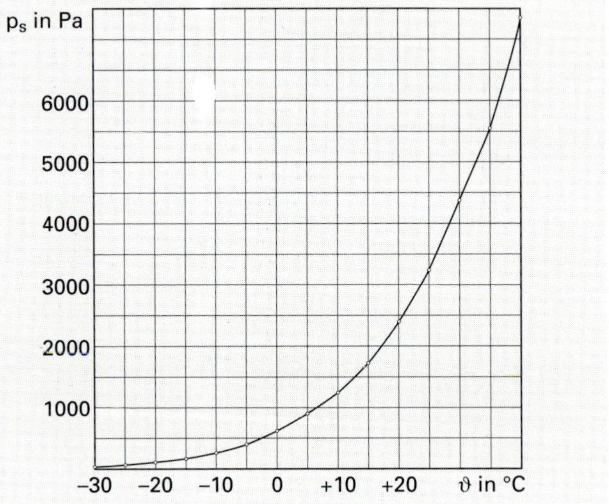

Sättigungsdruckkurve von Wasserdampf

Der Sättigungsdruck nimmt mit zunehmender Temperatur stark zu. Bei 0 °C beträgt er 611 Pa, bei 20 °C bereits 2338 Pa.
Analog wie Partialdruck und Partialdichte, lassen sich auch Sättigungsdruck und Sättigungsdichte mit Hilfe der Gasgleichung ineinander umrechnen (Tabelle).

Beispiel:
Wie gross ist die Sättigungsdichte bei 20 °C?

$$p\,V = m \cdot R_s \cdot T$$

$$\rho_{H_2O} = \frac{p}{R_{H_2O} \cdot T} = \frac{2338\ Pa}{462 \frac{J}{kg\ K} \cdot 293\ K} = 17{,}3\ g/m^3$$

Wie die Umrechnung zeigt, stimmt der Wert mit dem experimentellen Tabellenwert überein. Physikalisch enthalten Sättigungsdruck und Sättigungsdichte dieselbe Information.
Da die ideale Gasgleichung das Verhalten von Wasserdampf nicht völlig exakt wiedergibt, können zwi-

schen experimentellen und gerechneten Werten geringfügige Differenzen auftreten. Sie sind jedoch im technischen Ingenieurbereich ohne Bedeutung.

ϑ	ρ_s	p_s
°C	g/m³	Pa
30	30,40	4242
29	28,80	4005
28	27,27	3780
27	25,80	3565
26	24,40	3361
25	23,07	3168
24	21,80	2984
23	20,60	2809
22	19,45	2644
21	18,35	2486
20	17,31	2338
19	16,33	2197
18	15,40	2064
17	14,50	1937
16	13,65	1817
15	12,85	1705
14	12,09	1598
13	11,37	1497
12	10,68	1403
11	10,03	1312
10	9,41	1228
9	8,83	1148
8	8,28	1072
7	7,76	1001
6	7,27	935
5	6,80	872
4	6,37	813
3	5,96	757
2	5,57	705
1	5,20	657
0	4,85	611
–1	4,49	562
–2	4,14	517
–3	3,82	476
–4	3,52	437
–5	3,25	401
–6	2,99	368
–7	2,75	337
–8	2,53	309
–9	2,33	283
–10	2,14	260

Tabelle: Sättigungsdruck und Sättigungsdichte

4.5.1 Die relative Feuchtigkeit

Die relative Luftfeuchtigkeit φ ist definiert als der Quotient aus Partialdruck und Sättigungsdruck bei der betreffenden Temperatur. Sie wird meistens in % angegeben.

$$\varphi = \frac{p}{p_S} = \frac{\text{Partialdruck}}{\text{Sättigungsdruck}}$$

Für unser Beispiel mit p = 1353 Pa Partialdruck beträgt somit die relative Feuchtigkeit bei 20 °C:

$$\varphi = \frac{1353}{2338} = 0{,}58 = 58\,\%$$

Merke: Die Sättigungskurve erstreckt sich physikalisch auch in den Bereich negativer Temperaturen. Eis kann ohne zu schmelzen direkt in den Gaszustand übergehen. Man nennt diesen Vorgang Sublimation. Im Winter kann somit Schnee «verschwinden», auch wenn die Temperatur nie über 0 °C steigt. Ebenso kann Wasserdampf bei tiefen Temperaturen direkt durch Sublimation in den gefrorenen Zustand übergehen (Raureif, Graupeln).

4.5.2 Die absolute Feuchtigkeit (Partialdichte)

Die absolute Feuchtigkeit f_{abs} gibt an, wieviel Gramm Wasserdampf in einem m³ Luft vorhanden sind. Die absolute Feuchte ist somit nur eine andere Bezeichnung für die Partialdichte von Wasserdampf:

$$f_{abs} = \frac{m_{H_2O}}{V} = \rho_{H_2O}$$

4.5.3 Der Wasserdampfgehalt x

In der Thermodynamik der feuchten Luft (Klimatechnik, Lüftungstechnik) wird nebst den beiden erwähnten Feuchtebegriffen noch der Wasserdampfgehalt x verwendet. Er ist wie folgt definiert:

$$x = \frac{m_{H_2O}}{m_{Luft}}$$

Da die Dichte der Luft die Grössenordnung von 1,2 kg/m³ hat, ist der Wasserdampfgehalt (ausgedrückt in g/kg Luft) etwa um den Faktor 1,2 kleiner als die absolute Feuchte (ausgedrückt in der Einheit g/m³).

Merke: Im folgenden wird unter m_{Luft} stets der Anteil trockene Luft verstanden.

4.6 Die Taupunktstemperatur

Liegt bei einer bestimmten Temperatur ungesättigter Wasserdampf vor (zum Beispiel $\varphi = 50\%$ bei 20 °C), so kann man die Sättigung statt durch Zuführen von Wasserdampf bis auf 17,3 g/m³ auch durch Abkühlen der Luft bei konstanter absoluter Feuchtigkeit erreichen. Die Temperatur, bei der dies geschieht, heisst Taupunkttemperatur ϑ_{Tau}. In der folgenden Illustration beträgt sie etwa 9 °C.

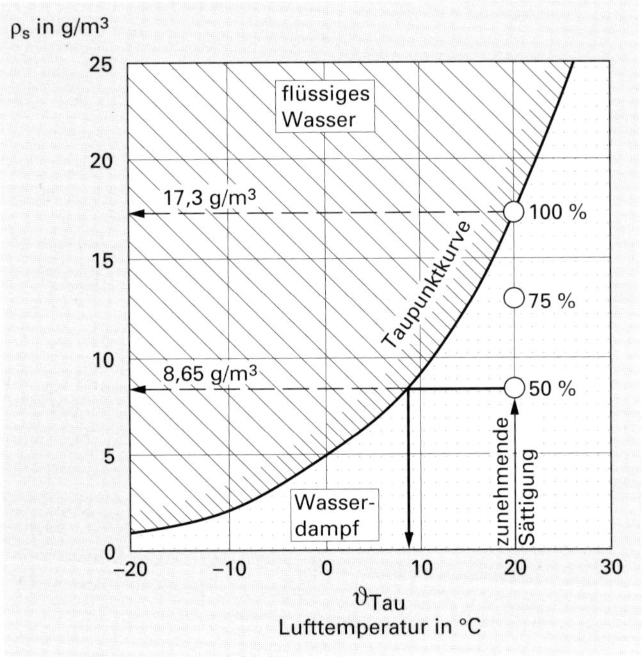

Illustration der Taupunkttemperatur

Unterschreitet irgendeine Oberfläche die Taupunkttemperatur, so entsteht Oberflächenkondensat.
Erfolgt die Unterschreitung im Innern einer Konstruktion, so sprechen wir von Kernkondensat.

4.7 Enthalpie der feuchten Luft

Gemäss dem Gesetz von Dalton, wonach sich die Komponenten eines Gases unabhängig voneinander verhalten, ist die Enthalpie der feuchten Luft die Summe der Teilenthalpien der trockenen Luft und des Wasserdampfes. Da das Wasser in Gasform vorliegt, muss zu den «fühlbaren» Wärmebeträgen noch die «latente» Verdampfungswärme r_D hinzugefügt werden.
Wir erhalten somit für die Enthalpie der feuchten Luft:

$$H = (m_{Luft} \cdot c_{Luft} + m_{H_2O} \cdot c_{H_2O})\,\vartheta + m_{H_2O} \cdot r_D$$

Mit Hilfe des Wassergehaltes $m_{H_2O} = x \cdot m_{Luft}$ ergibt sich für die massenspezifische Enthalpie $h = H/m_{Luft}$

$$h = (c_{Luft} + x \cdot c_{H_2O})\,\vartheta + x \cdot r_D = c_{Luft}\,\vartheta + (c_{H_2O}\,\vartheta + r_D)\,x$$

Bei konstanter Temperatur (Parameter) ergeben sich für die h-x-Kurven ansteigende Geraden mit den Achsenabschnitten $c_{Luft} \cdot \vartheta$ und den Steigungen $c_{H_2O} \cdot \vartheta + r_D$, welche im folgenden Diagramm schematisch dargestellt sind.

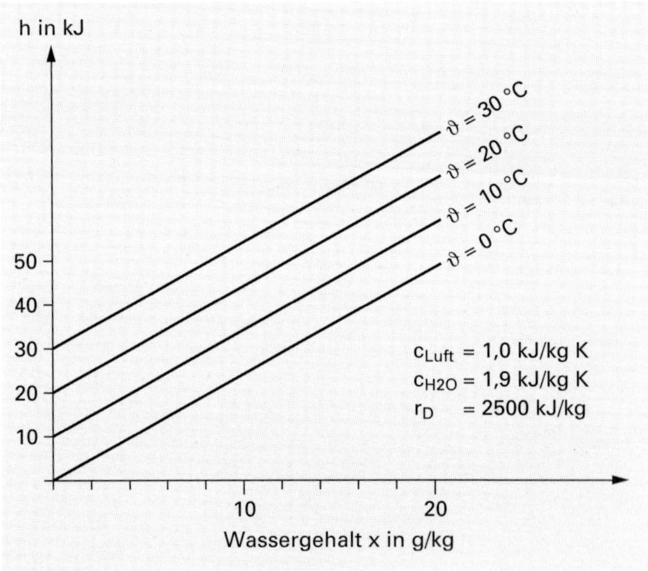

Durch geschickte Darstellung in schiefwinkligen Koordinaten ist es Mollier gelungen, nebst der Temperatur noch weitere Grössen wie Partialdruck p_{H_2O}, relative Feuchtigkeit φ im gleichen Diagramm unterzubringen, sodass die thermodynamischen Grössen nicht stets aufs Neue berechnet, sondern dem h-x-Diagramm entnommen werden können.

Beispiel:
Für den Raumluftzustand von 20 °C, Wasserdampfgehalt x = 7,9 g/kg lese man folgende Grössen aus dem h-x-Diagramm ab:
Partialdruck p, relative Feuchtigkeit φ, Taupunkttemperatur ϑ_{Tau}, Enthalpie h.

4.8 Mollierdiagramm für feuchte Luft (p_0 = 1013 mbar)

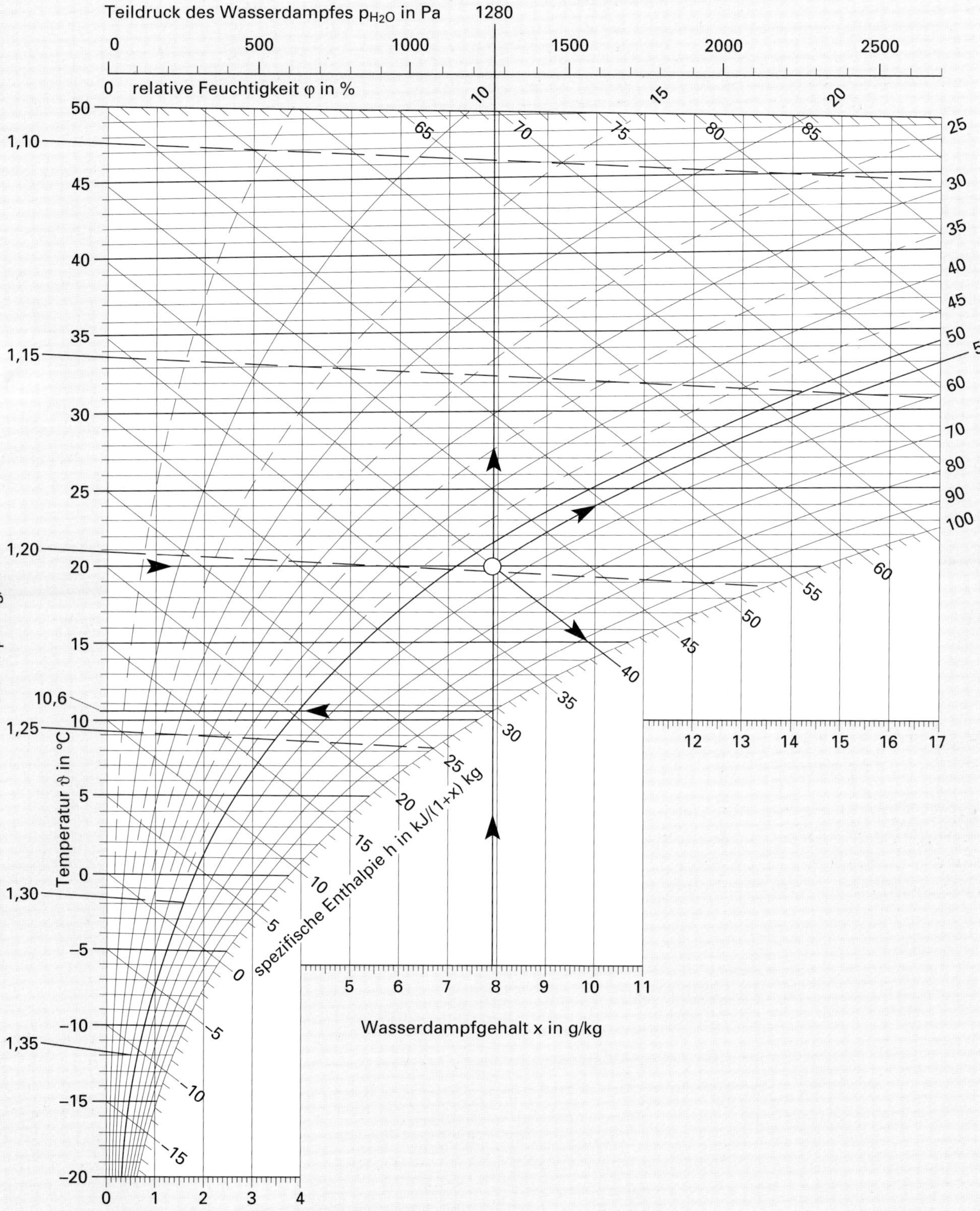

Ablesebeispiel: φ = 55 %

ϑ_{Tau} = 10,6 °C

p_{H_2O} = 1280 Pa

h = 40 kJ/kg

4.9 Diffusion von Wasserdampf

Lässt man einen Tintentropfen ins Wasser fallen, so werden sich die Farbmoleküle im Laufe der Zeit gleichmässig im Wasser verteilen und es homogen einfärben. Der Grund für dieses Verhalten liegt im Bestreben der Teilchen, den zur Verfügung stehenden Raum einzunehmen und voll zu beanspruchen. Den Vorgang selbst nennen wir Diffusion.
Dieses Verhalten wird durch den Entropiesatz von Ludwig Boltzmann (Bild) dadurch erklärt, dass die Entropie, ein Mass für die Wahrscheinlichkeit eines thermodynamischen Zustandes, ohne äussere Eingriffe in der Natur nur zunehmen kann.

Boltzmanns Grabstein auf dem Hauptfriedhof von Wien.
Die eingemeisselte Gleichung S = k log W verknüpft die Entropie S mit einem Gradmesser für Unordnung und Chaos.

Die ebenso einfache wie geniale Entropiedefinition

$$S = k \cdot \log W$$

S = Entropie
k = Boltzmannkonstante
W = Wahrscheinlichkeit des Zustandes

macht dieses Verhalten qualitativ verständlich. Es bedeutet für den im Bild dargestellten Ausströmvorgang, dass die Wahrscheinlichkeit für den umgekehrten Vorgang, nämlich das Zusammendrängen aller Moleküle in ein kleines Teilvolumen so gering ist, dass sie bei einer grossen Zahl von Molekülen praktisch null ist. Die Teilchen werden sich nie mehr alle gleichzeitig in einem der beiden Kolben allein aufhalten.
Da die Verteilung eines Gases auf einen grösseren Raum die Zustandswahrscheinlichkeit und damit die Entropie erhöht, sind die Gasmoleküle bestrebt, den zur Verfügung stehenden Raum voll zu besetzen. Dies gilt auch für einzelne Gaskomponenten, weshalb Dichte- oder Konzentrationsunterschiede mit der Zeit von selbst ausnivelliert werden.
In Gasen ist der Antrieb für die Diffusionsbewegung ein Konzentrationsunterschied, welcher in der Bauphysik durch eine Partialdruckdifferenz von Wasserdampf beschrieben werden kann.

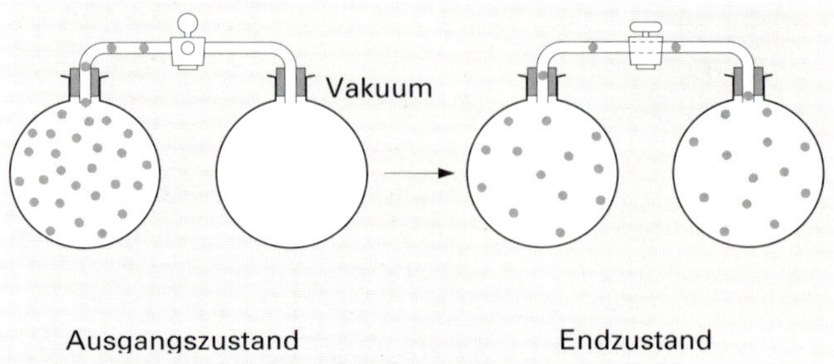

Inbesitznahme des Gesamtvolumens durch Diffusion

Die Berechnung des Dampfdiffusionsstromes erfolgt nach dem ersten Fick'schen Gesetz, welches die analoge Form hat wie das Gesetz von Fourier in der Wärmelehre. An Stelle der Temperaturdifferenz $\Delta\vartheta$ als Potentialdifferenz tritt die Konzentrationsdifferenz Δc, an Stelle der Wärmeleitfähigkeit λ die Diffusionsleitfähigkeit D_D.

Erstes Fick'sches Gesetz

$$\dot{m} = D_D \cdot \frac{\Delta c}{\Delta x}$$

$\dot{m}$ = Dampfdiffusionsstromdichte in mg/hm²
D_D = Dampfdiffusionskoeffizient in m²/h

Mit Hilfe der Gasgleichung kann die Konzentrationsdifferenz auf die im Bauwesen praktischere Druckdifferenz Δp umgerechnet werden.

Mit $c = \rho = \frac{p}{R_{H_20} \cdot T}$ erhält man:

$$\dot{m} = \frac{D_D}{R_{H_20} \cdot T} \cdot \frac{\Delta p}{\Delta x}$$

mit $\lambda_D = \frac{D_D}{R_{H_20} \cdot T}$ = Dampfdiffusionsleitfähigkeit

und $\Delta x = d$ = Schichtdicke

folgt: $$\dot{m} = \lambda_D \cdot \frac{\Delta p}{d}$$

4.9 Diffusion von Wasserdampf

Für Wasserdampf gelten folgende Werte für D_D als Funktion der Temperatur.

ϑ	D_D	λ_D
°C	m²/h	mg/mhPa
30	0,101	0,723
25	0,0976	0,710
20	0,0943	0,697
15	0,0914	0,685
10	0,0886	0,675
5	0,0857	0,665
±0	0,0828	0,655
–5	0,0803	0,646
–10	0,0774	0,637
–15	0,0745	0,628
–20	0,0724	0,619

Um die Analogie zwischen Wärmestrom und Dampfdiffusionsstrom herauszustreichen, wird im folgenden anstelle von $\dot{m}$ ebenfalls das Symbol $\dot{q}$ verwendet und der Index D für Dampfdiffusion angefügt.
Auch die übrigen Grössen werden sinngemäss übernommen und zur Kennzeichnung des Diffusionsvorganges mit dem Index D versehen:

Formel für Wärmestrom

$$\dot{q} = \frac{\Delta\vartheta}{R} \qquad \text{mit } R = \frac{d}{\lambda}$$

Formel für Dampfstrom

$$\dot{q}_D = \frac{\Delta p_{H_2O}}{R_D} \qquad \text{mit } R_D = \frac{d}{\lambda_D}$$

R_D heisst Dampfdiffusionswiderstand.

Für Einzelheiten der Diffusionsrechnung und die zulässigen Kondensatmengen für verschiedene Konstruktionsarten wird auf den Band Physik am Bau verwiesen.

4.10 Der Widerstandsfaktor μ

Zur Vereinfachung von Berechnungen und grafischen Darstellungen wird an Stelle des Dampfdiffusionswiderstandes $R_D = d/\lambda_D$ der Dampfdiffusionswiderstandsfaktor μ eingeführt. Er gibt an, wieviel mal schlechter das betreffende Material leitet als Luft:

$$\mu = \frac{\lambda_{DLuft}}{\lambda_{DStoff}}$$

Das Produkt $\mu \cdot d = s_D$ heisst diffusionsäquivalente Luftschichtdicke. Sie besagt, wieviel Meter Luftschichtdicke nötig wären, um dem Dampfstrom den gleichen Diffusionswiderstand wie das betreffende Material mit Dicke d entgegenzustellen.

Die Diffusionsleitfähigkeit von Luft $\lambda_{D_{Luft}}$ ist leicht temperaturabhängig und liegt im Bereich 0,64 bis 0,72 mg/hmPa. Da die μ-Werte sehr starken Streuungen unterworfen sind, welche ohne weiteres im Bereich von ± 20 % liegen können, darf für praktische Zwecke die Temperaturabhängigkeit der Dampfdiffusionsleitfähigkeit vernachlässigt und mit einem Mittelwert von

$$\lambda_{D_{Luft}} \approx 0{,}7 \text{ mg/mhPa}$$

gerechnet werden.

Formelsatz Dampfdiffusion

Dampfdiffusion	Symbol	Einheit	Gesetz
a) «Substanz» Wasser (als Gas)	Q_D	mg Milligramm	
b) Strom	$\dot{Q}_D$	$\frac{mg}{h}$	
Stromdichte	$\dot{q}_D = \frac{\dot{Q}_D}{A}$	$\frac{mg}{m^2h}$	
c) Potential	p_{H_2O}	$Pa = \frac{N}{m^2}$	
Spannung	Δp_{H_2O}		
d) Strömungsgesetz			$\dot{q}_D = \frac{\Delta p_{H_2O}}{R_D}$
Widerstand	$R_D = \frac{d}{\lambda_D}$	$\frac{m^2hPa}{mg}$	
Leitwert	$\Lambda_D = \frac{1}{R_D}$	$\frac{mg}{m^2hPa}$	

5. Schwingungen und Wellen

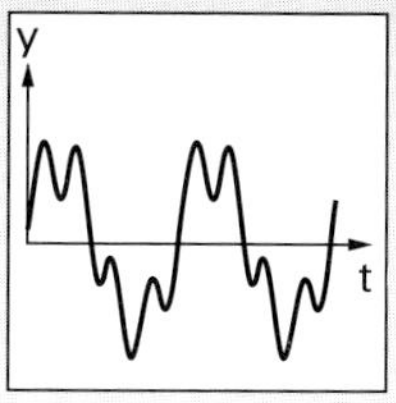

5.1 Übersicht

Schwingungsvorgänge spielen nicht nur in der Technik eine grosse Rolle, auch unser tägliches Leben ist verschiedenen rhythmischen Abläufen unterworfen. Sommer und Winter, Ebbe und Flut, Tag und Nacht sind die Folge der periodischen Bewegungen von Sonne, Mond und Erde.
Licht und Schall, das Rohmaterial für die Sinnesempfindungen Helligkeit, Farbe, Lärm, Sprache und Musik erweisen sich bei physikalischer Betrachtung ebenfalls als besondere Schwingungsformen.
Löst sich von der *Erregerstelle* einer *Schwingung* Energie ab, welche sich entweder elektromagnetisch oder mechanisch über angekoppelte Nachbarmoleküle in den Raum ausbreitet, so sprechen wir von *Wellen*.
Schwingungen sind Grundbausteine für komplizierte Wellenerscheinungen.
Die harmonisch anmutende Ausbreitung kreisförmiger Wasserwellen in einem ruhigen Teich kann als der koordinierte Ablauf einer Vielzahl von Schwingungen beschrieben werden. Die schwingenden Körper sind in diesem Falle die Wassermoleküle. Sie bewegen sich im wesentlichen auf und ab. Dieses zeitlich verzögerte Auf und Ab benachbarter Wasserteilchen erweckt den Eindruck radial nach aussen laufender Wellen.

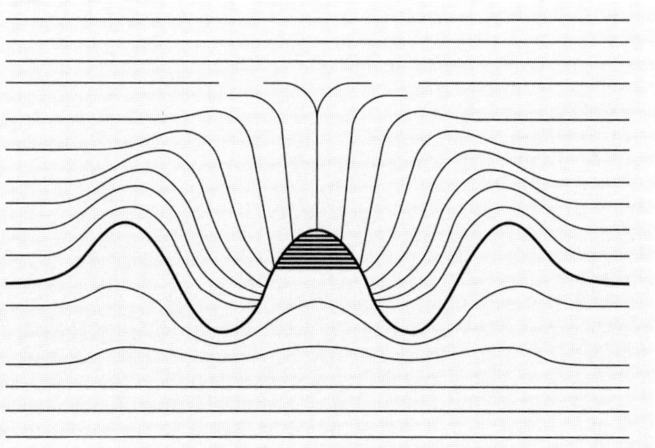

Entstehung von Wasserwellen

Die Geschwindigkeit, mit der sich die Wellenberge auf der Wasseroberfläche ausbreiten, heisst Ausbreitungsgeschwindigkeit c. Sie ist streng zu unterscheiden von der lokalen Geschwindigkeit v der schwingenden Materieteilchen. Um Verwechslungen zu vermeiden, bezeichnet man die materielle Geschwindigkeit v oft als Schnelligkeit. Bei einer Schallwelle in Luft beträgt die Ausbreitungsgeschwindigkeit bei 20 °C 340 m/s.
Die einzelnen Moleküle der Luft schwingen jedoch – auch bei grösster Lautstärke an der Schmerzgrenze unseres Gehörs – höchstens mit einer Schnelligkeit von etwa 3 mm/s.

5.2 Schwingungen

5.2.1. Harmonische Schwingungen

Unter einer mechanischen Schwingung verstehen wir einen zeitlich periodischen Bewegungsablauf eines Körpers um eine feste Ruhelage. Die Zeit für eine volle Schwingung heisst Schwingungsdauer oder Periode T. Die Anzahl Schwingungen pro Sekunde nennt man Frequenz f. Die Taktfrequenz des Wechselstroms in Europa hat zum Beispiel eine Periode von 20 ms und somit eine Frequenz von 50 Hz.
Zwischen T und f gilt die Beziehung:

$$f = \frac{1}{T}$$

Die Periodendauer T ist zwar eine anschauliche Grösse, für die mathematische Beschreibung von Schwingungen und Wellen ist jedoch das 2π-fache der Frequenz f die zentrale Grösse. Weil sie im Zusammenhang mit der gleichmässigen Kreisbewegung in die Schwingungslehre Eingang gefunden hat, heisst sie Kreisfrequenz .

Definition: $\omega = 2\pi \cdot f = \frac{2\pi}{T}$

Einheit für f und ω: $[\omega] = [f] = \frac{1}{s}$ = Hertz = 1 Hz

Beachte:
Im technischen Sprachgebrauch werden die Begriffe Frequenz und Kreisfrequenz oft nicht präzis unterschieden und gelegentlich synonym verwendet.

Als Folge der Schwingung eines materiellen Körpers (Stimmgabel, Elektron, Molekül usw.) können sich viele andere physikalische Grössen wie Luftdruck, Magnetfeld oder Temperatur ebenfalls periodisch ändern. Wir sprechen dann sinngemäss von akustischen, magnetischen oder thermischen Schwingungen.
Schwingungen entstehen immer dann, wenn auf den ausgelenkten Körper Rückstellkräfte wirksam werden, welche ihn in die jeweilige Ruhelage zurückzuzwingen versuchen. Ist die Rückstellkraft proportional zur Auslenkung, wie das bei einer idealen Feder der Fall ist, so entstehen Schwingungen mit einem sinusförmigen Zeitverlauf, welche als harmonische Schwingungen bezeichnet werden.

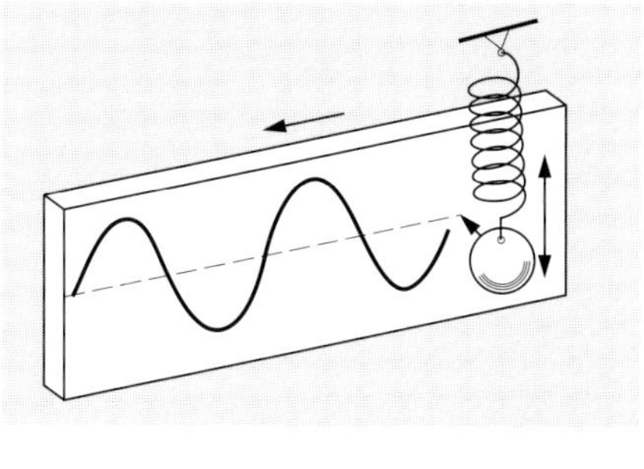

Oszillogramm einer harmonischen Federschwingung

Ist die Rückstellfunktion nicht proportional zur Auslenkung, so entstehen anharmonische Schwingungen. Diese lassen sich nach dem Satz von Fourier immer in harmonische Schwingungen «zerlegen» (Fourieranalyse).

5.2.2 Satz von Fourier

Jede periodische Funktion f(t) lässt sich darstellen als eine Summe von Sinus- und Cosinus-Funktionen:

$$f(t) = \sum_{n=0}^{\infty} A_n \cdot \sin(\omega_n \cdot t) + B_n \cdot \cos(\omega_n \cdot t)$$

Die Koeffizienten A_n und B_n lassen sich aus f(t) berechnen. Die Frequenzen ω_n sind Vielfache der Grundfrequenz ω_0. Je nach Funktion können gewisse Koeffizienten null werden.

Als Beispiel seien einige Koeffizienten der skizzierten «Dreiecksfunktion» angegeben (ohne Beweis):

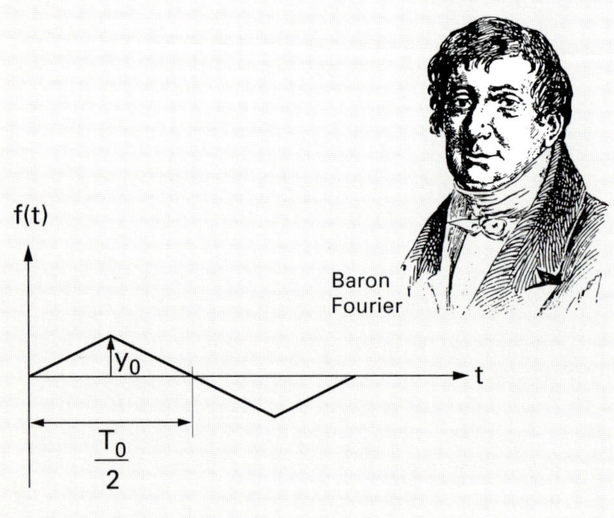

$$f(t) = \sin \omega_0 t - \frac{1}{9} \sin 3\,\omega_0 t + \frac{1}{25} \sin 5\,\omega_0 t - + \ldots$$

$$y_0 = \frac{\pi^2}{8}$$

$$\omega_0 = \frac{2\pi}{T_0}$$

Fourierzerlegung der «Dreiecksfunktion» mit Amplitude $\pi^2/8$

Der Satz von Fourier spielt in der Schwingungslehre, in der Nachrichtentechnik und in der Regelungstheorie eine fundamentale Rolle.

Anschauliche Beispiele von anharmonischen Schwingungen sind Töne von Musikinstrumenten. Aus physikalischer Sicht handelt es sich dabei um Klänge, welche aus dem Grundton und den vom Instrument abhängigen Obertönen bestehen. Die Anzahl und relative Stärke der Obertöne bestimmt die Klangfarbe des betreffenden Instrumentes. Die Darstellung der Intensität der Obertöne auf einer Frequenzachse nennt man spektrale Darstellung oder kurz Spektrum. Das folgende Bild zeigt schematisch das Oszillogramm samt Spektrum eines Geigentones mit einer Grundfrequenz von 440 Hertz.

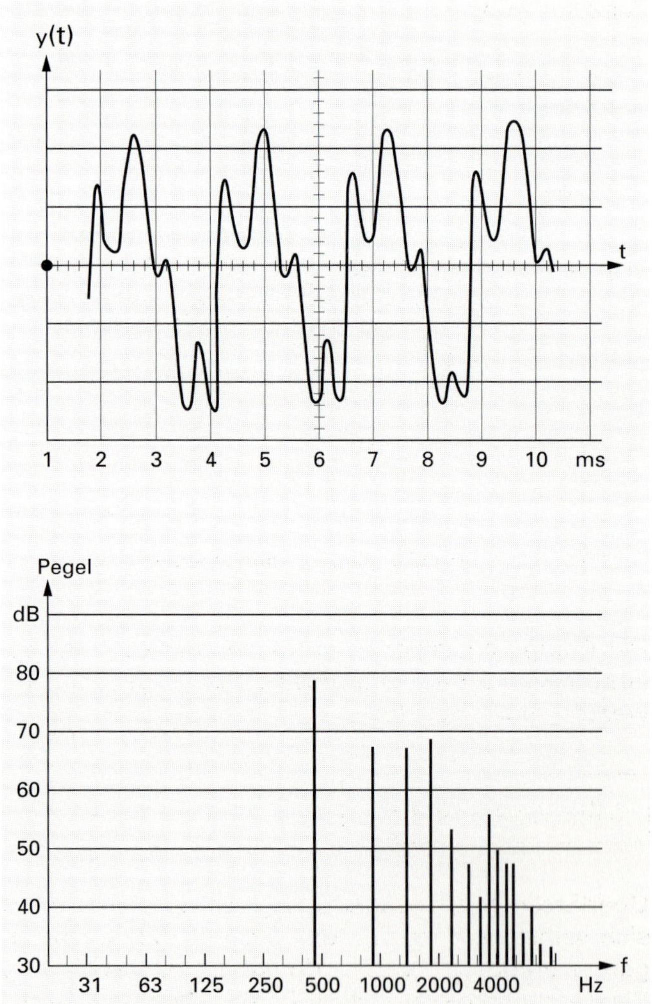

Oszillogramm und Spektrum eines 440 Hz-Geigentones

Ein reiner Ton kann z.B. mit einer Stimmgabel erzeugt werden. Harmonische Schwingungen besitzen in der Spektraldarstellung nur eine einzige Linie, weshalb sie auch als monochromatisch bezeichnet werden.
Die spektrale Zusammensetzung von Schwingungen und vor allem von Wellen ist von entscheidender Bedeutung, da sich verschiedene Frequenzen auf dem Ausbreitungsweg einer Welle ganz unterschiedlich verhalten können.

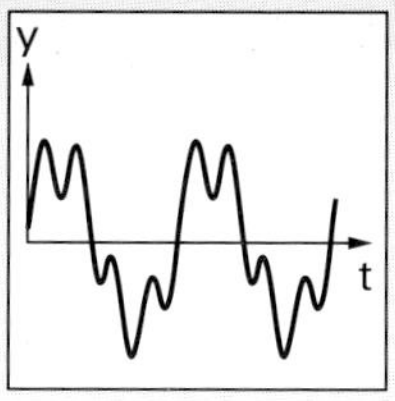

5.2.3 Gedämpfte Schwingungen

Wegen unvermeidlicher Energieverluste nehmen die Ausschläge einer Schwingung mit der Zeit allmählich ab. In sehr vielen Fällen erfolgt diese Abnahme exponentiell. Streng genommen sind zwei aufeinanderfolgende Schwingungsperioden nicht genau gleich, und die Schwingung ist somit nicht periodisch. Da die wesentlichen Eigenschaften einer Schwingung jedoch erhalten bleiben, sprechen wir von einer gedämpften Schwingung.
Das Mass für die Dämpfung ist die Dämpfungskonstante δ. Der Kehrwert $1/\delta$ hat die Bedeutung einer Zeitkonstanten τ.

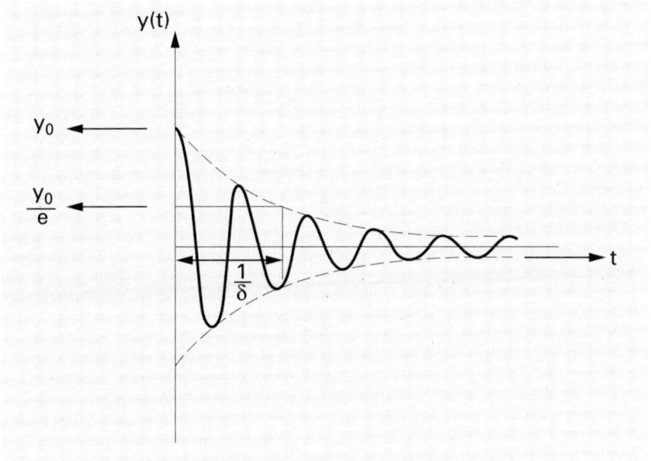

Oszillogramm einer gedämpften harmonischen Schwingung

Der Dämpfungsfaktor ist uns schon aus der Wärmelehre bekannt und kann analog als $e^{-\delta t}$ geschrieben werden , so dass gilt:

$$y(t) = y_0 \cdot e^{-\delta t} \cdot \cos \omega t$$

Überlässt man eine Schwingung nach ihrer Anregung sich selbst, so schwingt das System mit der ihr eigenen Frequenz, welche durch die physikalischen Parameter gegeben ist. Wir sprechen von einer *Eigenschwingung*. Die zugehörige Frequenz heisst Eigenfrequenz. Wird eine Schwingung jedoch durch Daueranregung mit einer bestimmten Störfrequenz angeregt, so sprechen wir von einer erzwungenen Schwingung.

Einteilung der Schwingungen (Zusammenfassung)

	Bezeichnung der Schwingung
Art der Anregung	
einmalig dauernd	*Eigenschwingung* *erzwungene Schwingung*
Energieverluste	
vorhanden kompensiert	*gedämpft* *ungedämpft*
zeitlicher Ablauf	
sinusförmig nicht sinusförmig	*harmonisch* *anharmonisch*

5.3 Kinematik der Schwingungen

5.3.1 Beschreibung einer harmonischen Schwingung

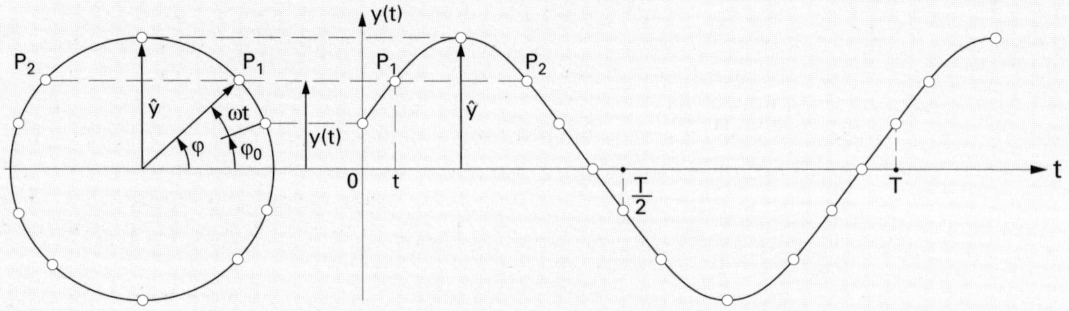

$$y(t) = \hat{y} \sin(\omega t + \varphi_0)$$

$$v(t) = \hat{v} \cos(\omega t + \varphi_0)$$

$$a(t) = -\hat{a} \sin(\omega t + \varphi_0)$$

Bedeutung der Symbole:

φ_0 = Nullphasenwinkel (kurz Phase genannt)

ω = Kreisfrequenz = $\frac{2\pi}{T}$

$\hat{y}$ = maximale Auslenkung = Amplitude

$\hat{v} = \omega \hat{y}$ = Amplitude der Geschwindigkeit

$\hat{a} = \omega^2 \hat{y}$ = Amplitude der Beschleunigung

Beschreibung der harmonischen Schwingung als Projektion einer Kreisbewegung

Eine harmonische Schwingung kann dargestellt werden als gedankliche Projektion eines gleichmässig rotierenden Massenpunktes.

Merke:
Jede harmonische Schwingung ist durch 3 physikalische Parameter bestimmt: Frequenz, Amplitude und Phase.

Da die Beschleunigung die zweite zeitliche Ableitung des Weges y(t) darstellt, gilt für jede harmonische Schwingung der folgende Zusammenhang:

$$\ddot{y} + \omega^2 \cdot y = 0$$

Wir nennen dies eine Differentialgleichung 2. Ordnung mit konstanten Koeffizienten.
Die Umkehrung der obigen Aussage ist ebenfalls richtig. Wird ein physikalischer Vorgang durch eine Differentialgleichung der Form:

$$\ddot{y} + \text{konst.} \cdot y = 0$$

beschrieben, so handelt es sich um eine harmonische Schwingung mit der Kreisfrequenz:

$$\omega = \sqrt{\text{konst.}}$$

Beim Beispiel der ungedämpften Federschwingung erhält man mit Hilfe des Newton'schen und des Federgesetzes $F = D \cdot y$ folgenden Zusammenhang:

$$\ddot{y} + \frac{D}{m} \cdot y = 0$$

Die Eigenfrequenz der harmonischen Federschwingung beträgt somit:

$$\omega = \sqrt{\frac{D}{m}} = \omega_0$$

Auf diese Art und Weise lassen sich Eigenfrequenzen aus den Koeffizienten der Differentialgleichung bestimmen.

Merke: Starre Systeme haben eine hohe, träge Systeme eine tiefe Eigenfrequenz.

Der Satz von Fourier sagt aus, dass beliebige periodische Funktionen in harmonische Bestandteile zerlegt werden können. Selbstverständlich können durch Überlagerung harmonischer Funktionen somit auch beliebige periodische Funktionen «erzeugt» werden. Wir sprechen in diesem Falle von einer Fouriersynthese.
Das folgende Bild zeigt ein Beispiel einer solchen Überlagerung.

5.4 Überlagerungen von Schwingungen

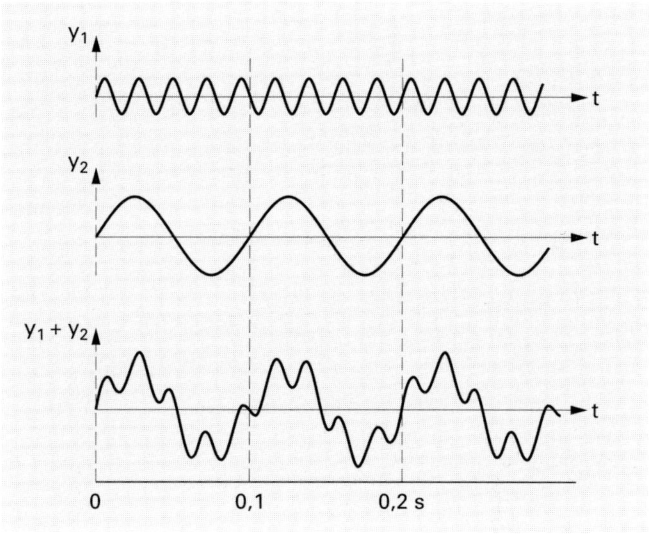

Superposition von 2 harmonischen Schwingungen

Je nach Wahl der Amplituden, Frequenzen und Nullphasenwinkeln entstehen schon aus wenigen harmonischen Schwingungen komplexe Schwingungsformen.
Die Überlagerung kann punktweise (eventuell sogar graphisch) oder rechnerisch (analytisch) ausgeführt werden. Besonders einfach wird die Superposition, falls alle Teilschwingungen dieselbe Frequenz aufweisen. In diesem Fall ist die Überlagerung selbst eine harmonische Schwingung mit derselben Frequenz. Gesamtamplitude und Nullphasenwinkel können mit Hilfe der Zeigertheorie vektoriell bestimmt werden.

5.5 Erzwungene Schwingungen (Resonanz)

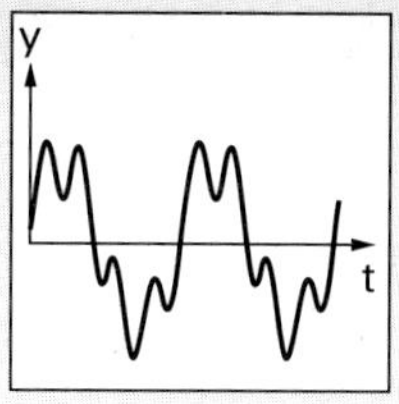

5.5.1 Resonanz als Phänomen

Die bisherige Betrachtung richtete das Augenmerk auf die Fragestellung, mit welcher Frequenz ein System schwingt, wenn es nach anfänglicher Anregung sich selbst überlassen wird. Wir wissen nun, dass die Schwingung mit einer dem System eigenen Frequenz, welche durch die physikalischen Parameter bestimmt ist, schwingen wird. Die treffende Bezeichnung hiefür heisst Eigenfrequenz oder Eigenkreisfrequenz ω_E.
Bei der Federschwingung waren die Richtgrösse D und die Masse m die Systemparameter des schwingenden Körpers. Ist Reibung im Spiel, so lautet die Formel für die Eigenkreisfrequenz:

$$\omega_E = \sqrt{\omega_0^2 - \delta^2}$$

δ = Dämpfungskonstante

Im folgenden stellen wir uns die Frage, wie ein schwingungsfähiges System auf eine Daueranregung mit einer Störfrequenz ω reagiert (Figur). Insbesondere interessiert der Zusammenhang zwischen Schwingungsamplitude $\hat{y}$ und Störfrequenz ω.

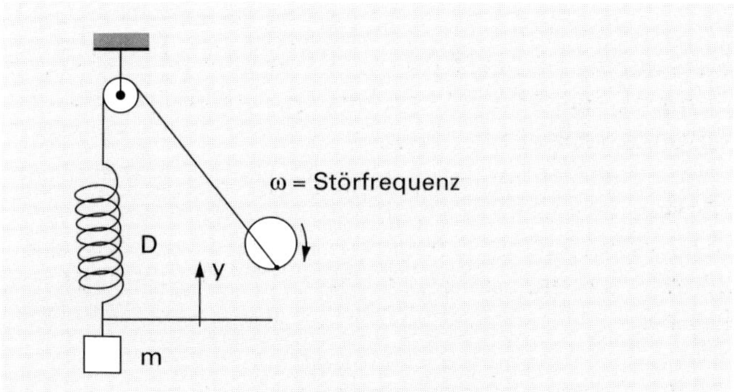

Erzeugung von erzwungenen Schwingungen

Die mathematische Behandlung dieser Frage führt zu folgenden Resultaten:
Das System übernimmt nach anfänglichen, wegen Reibung abklingenden Einschwingungsvorgängen die Störfrequenz. Wenn Stör- und Eigenfrequenz weit auseinander liegen, ist die Amplitude $\hat{y}$ gering. Nähert sich jedoch die Störfrequenz der Eigenfrequenz, so kann die Amplitude extrem hohe Werte annehmen, welche bis zur Zerstörung des schwingenden Systems führen können. Dieses Phänomen heisst Resonanz. Die Resonanzfrequenz beträgt

$$\omega_{Res} = \sqrt{\omega_0^2 - 2\delta^2}$$

Der grafische Zusammenhang zwischen der Amplitude $\hat{y}$ und der Störfrequenz ω heisst Resonanzkurve.

5.5 Erzwungene Schwingungen (Resonanz)

Bei fehlender Reibung hat sie an der Stelle $\omega_0 = \omega_E$ eine Unendlichkeitsstelle (Kurve a). In der Praxis kommt jedoch dieser idealisierte Fall nicht vor. Mehr oder weniger starke Reibungskräfte führen stets zu einem Kurvenverlauf mit einem endlichen Maximalwert (Kurven b und c).

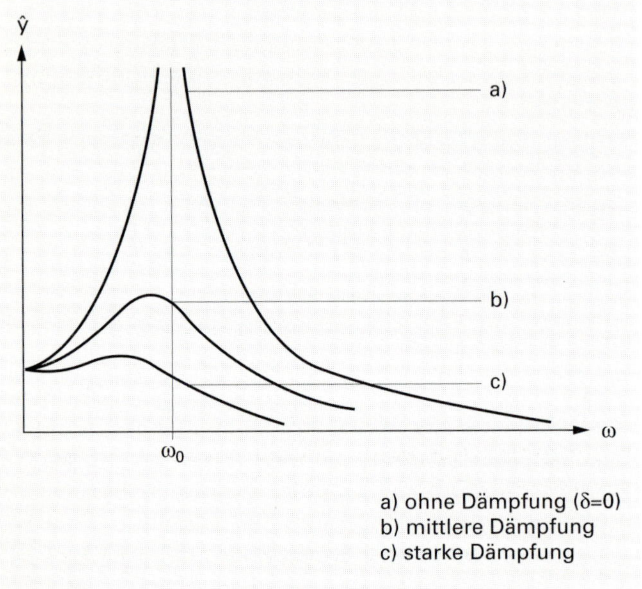

Resonanzkurven

Ein eindrückliches Beispiel eines Resonanzphänomens war der im Jahre 1940 im Staate Washington, USA, infolge Windanregung erfolgte Brückeneinsturz.

Resonanzkatastrophe von Tacoma

Da es sich um eine Hängebrücke handelte, war die Dämpfung relativ klein. Bei grosser Dämpfung ist die Resonanz weniger ausgeprägt, kann aber immer noch zu unerwünschten Beanspruchungen führen.

Alle schwingungsfähigen Systeme sind mehr oder weniger anfällig auf Resonanz. Nebst Brücken können auch andere Bauwerke wie Türme, Häuser oder Bauteile wie Wände, Decken oder Fensterscheiben in Resonanz geraten. Auch wenn eine Beschädigung nicht zu befürchten ist, können Resonanzeffekte zum Beispiel in der Bauakustik zur Herabsetzung der Schalldämmung führen.

Zwei Fälle stehen im Vordergrund:
Die Doppelresonanz von zweischaligen Bauteilen sowie die Biegewellenresonanz bei dünnen Bauteilschichten wie Fensterscheiben und Vorsatzschalen.

5.5.2 Doppelwandresonanz

Der Aufprall einer Schallwelle auf eine Doppelscheibe kann als erzwungene Schwingung eines Zweimassensystems betrachtet werden.

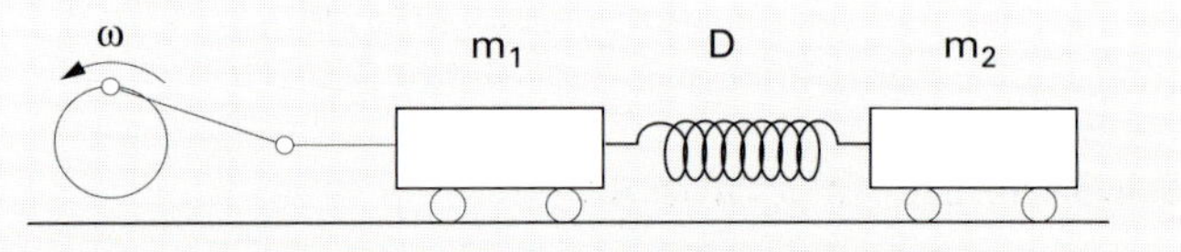

Erzwungene Schwingungen eines Zweimassensystems

Der Luftzwischenraum spielt die Rolle der elastischen Feder und die Eigenfrequenz lässt sich analog berechnen wie beim gewöhnlichen Federpendel. Für die Eigenfrequenz (ohne Reibung) gilt:

$$\omega_E = \sqrt{D\left(\frac{1}{m_1} + \frac{1}{m_2}\right)}$$

Die Richtgrösse D der Luftschicht, welche als Feder wirkt, kann aus der Dicke d und der Kompressibilität der Luft berechnet werden. Für eine Doppelwand mit zwei gleichen Schalen der spezifischen Flächenmasse m' mit Abstand d ergibt sich eine Eigenfrequenz von:

$$\omega_E = \sqrt{\frac{2 \cdot E}{m' \cdot d}} = \sqrt{\frac{2 \cdot \frac{c_p}{c_v} \cdot p_{statisch}}{m' \cdot d}}$$

Wird die Konstruktion mit dieser Frequenz angeregt, so ist die Schalldämmung deutlich vermindert. Die folgende Messung zeigt den Resonanzeinbruch am Beispiel einer Isolierverglasung aus zwei 4 mm-Scheiben mit einem Luftzwischenraum von 20 mm.

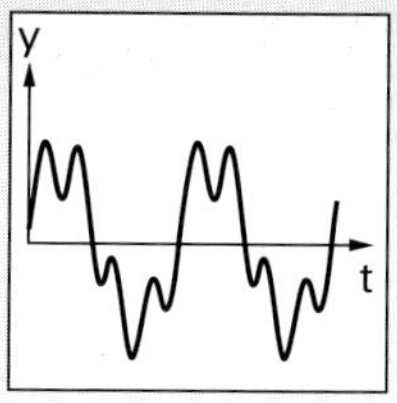

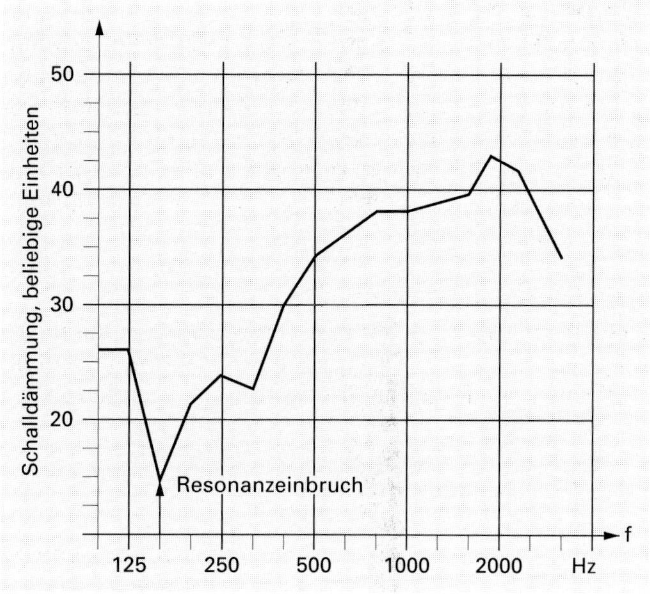

Resonanzeinbruch in der R(f)-Kurve einer Isolierverglasung (eigene Messung)

5.5.3 Die Biegewellenresonanz

Bei der Biegewelle handelt es sich um ein Wellenphänomen besonderer Art, da in diesem Fall die Ausbreitungsgeschwindigkeit nicht nur von den Systemparametern (E-Modul, Masse, Dicke usw.), sondern zusätzlich noch von der Frequenz selbst abhängt. Diese Frequenzabhängigkeit nennt man *Dispersion*. Der Begriff stammt aus der Optik. In einem Prisma wird weisses Licht in die Spektralfarben aufgespalten. Dies ist ebenfalls eine Folge der unterschiedlichen Laufgeschwindigkeiten der einzelnen Lichtanteile im Glas.
Unter einer Biegewelle in einem dünnwandigen Bauteil stelle man sich am einfachsten eine im Wind flatternde Fahne vor.

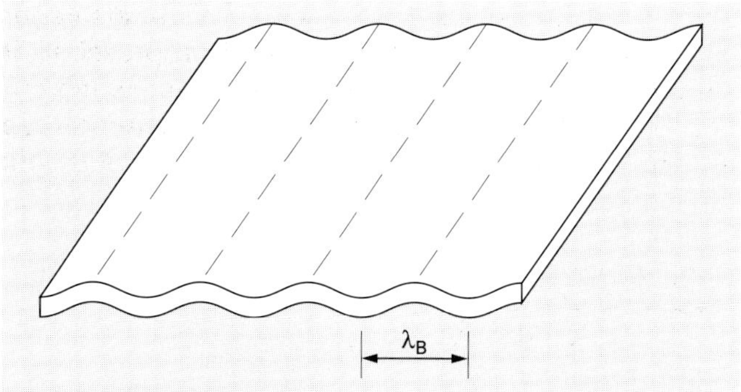

Stimmt die Wellenlänge einer auftreffenden Schallwelle mit der Wellenlänge λ_B der Biegewelle überein, so kommt es für streifenden Einfall zur Resonanz. Wegen der bereits erwähnten Dispersion existiert immer eine bestimmte Frequenz, genannt Grenzfrequenz f_G, bei der dies eintritt. Um die damit einhergehende Verminderung der Schalldämmung zu vermeiden, muss darauf geachtet werden, dass die Grenzfrequenz möglichst über 2500 Hz zu liegen kommt. Weil f_G dann ausserhalb des bauakustischen Bereichs liegt, wirkt sich dies nicht negativ auf den Schalldämmwert R_w aus.

5.6 Wellen

Löst sich Energie von einem schwingenden System ab und breitet sie sich durch Ankoppelung an die Nachbarmoleküle in den Raum aus, so sprechen wir von einer Welle.
Aus einer harmonischen Schwingung (Stimmgabel) entsteht auch eine harmonische Welle. Während der Periodendauer T des schwingenden Körpers legt die Welle im Raume eine Wellenlänge λ zurück. Es gilt somit für alle Wellen die kinematische Beziehung für die Ausbreitungsgeschwindigkeit c:

$$c = \frac{\lambda}{T} = f \cdot \lambda$$

Im Falle einer Seilwelle schwingen die materiellen Teile quer zur Ausbreitungsrichtung. Wir sprechen in diesem Falle von *Quer- oder Transversalwellen.* In idealen Flüssigkeiten und Gasen, welche keine Schubkräfte übertragen können, schwingen die Moleküle in derselben Richtung wie sich die Welle fortbewegt. Solche Wellen heissen *Längs- oder Longitudinalwellen.*

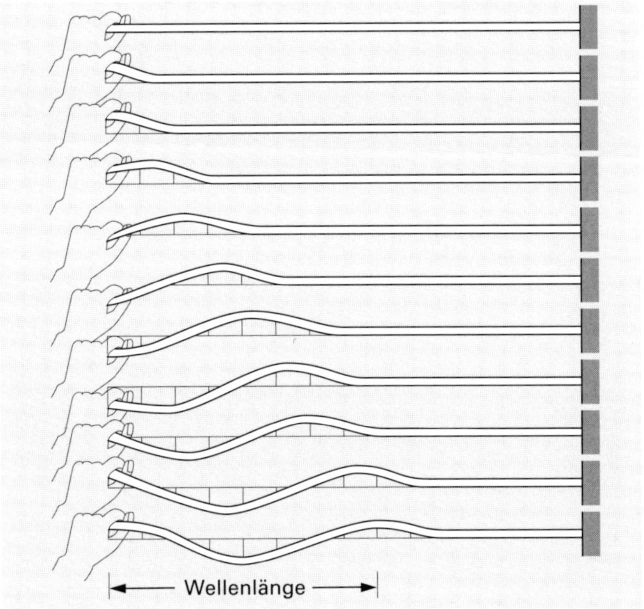

Entstehung einer Seilwelle

Während sich Luftschall – von Beugung abgesehen – geradlinig ausbreitet und keine Dispersion aufweist, ist das Verhalten von Körperschall sehr kompliziert. Da Längs-, Quer- und Biegewellen gleichzeitig auftreten können, ist eine exakte Berechnung der Schallausbreitung in festen Bauteilen nicht möglich.
Dies ist auch der Grund, weshalb die Schalldämmung von Trennelementen nur näherungsweise vorausgesagt werden kann (siehe Kapitel 6 Schall).

Im folgenden werden ohne Herleitung ein paar Formeln zur Berechnung der Schallgeschwindigkeit zusammengestellt. Allgemein bewirkt eine starre Koppelung der Moleküle eine hohe, eine grosse Molekülmasse eine niedere Laufgeschwindigkeit. Dies ist an sich verständlich, denn wenn die Schwingungen an den Erregerstellen langsam ablaufen, wird der «Befehl» zum Anschwingen der angekoppelten Nachbarteilchen auch langsam weitergemeldet.

Beispiele einiger Wellengeschwindigkeiten:

Längswellen im Festkörper:

$$c = \sqrt{\frac{E}{\rho}}$$

E = E-Modul
ρ = Dichte

Längswellen in Gasen:

$$c = \sqrt{\frac{c_p}{c_v} R_s \cdot T}$$

Längswellen in Flüssigkeiten:

$$c = \sqrt{\frac{1}{\kappa \cdot \rho}}$$

κ = Kompressibilität

Biegewellen:

$$c = \sqrt{\omega} \cdot \sqrt[4]{\frac{B'}{m'}}$$

B' = Biegesteifigkeit pro Breite
m' = Masse pro Fläche

Mit jeder Welle ist ein Energietransport verbunden. Die pro Zeit- und Flächeneinheit transportierte Energie heisst Intensität I. Sie kann auch als Produkt aus Energiedichte des Wellenfeldes w und der Ausbreitungsgeschwindigkeit c geschrieben werden:

$$I = \frac{\Delta P}{\Delta A} = w \cdot c$$

Merke: Eine Welle behält auf dem ganzen Ausbreitungsweg die an der Erregerstelle übernommene Frequenz bei.

Die mathematische Beschreibung einer eindimensionalen harmonischen Welle kann deshalb als Schwingung mit einer ortsabhängigen Phasenverschiebung aufgefasst werden:

$$y(x,t) = \hat{y} \cdot \sin(\omega \cdot t - k \cdot x)$$

Die Konstante k heisst Wellenzahl und kann aus der Wellenlänge λ berechnet werden:

$$k = \frac{2\pi}{\lambda}$$

6. Schall

6.1 Entstehung und Ausbreitung von Schallwellen

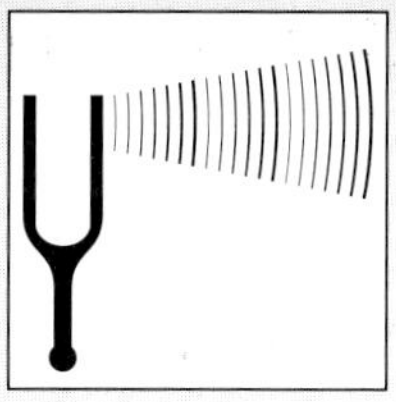

6.1.1 Schall als Begriff

Physikalisch gesehen handelt es sich beim Schall um elastische Druckwellen. Diese können sich in Festkörpern (Körperschall), in Flüssigkeiten und in Gasen (Luftschall) ausbreiten. Im Gegensatz zum Licht benötigen Schallwellen immer ein materielles Trägermedium. Eine Ausbreitung im Vakuum ist nicht möglich.
Physiologisch betrachtet ist Schall eine Empfindung. Sie wird im Gehirn ausgelöst, wenn Druckschwankungen in unser Ohr gelangen und dort die Hörnerven erregen. Allerdings spricht das Ohr nicht auf alle Frequenzen an. Für den Menschen liegt der *Wahrnehmungsbereich zwischen etwa 16 Hz und 16 kHz.* Liegen die Frequenzen höher, so sprechen wir von Ultraschall. Dieser kann von gewissen Tieren wahrgenommen und auch selber erzeugt werden.
Frequenzen unter 16 Hz empfinden wir nicht mehr als Töne, sondern als Erschütterungen oder Vibrationen. Wir sprechen hier von Infraschall.
Die Vorgänge, die sich in unserem Ohr abspielen, wenn die physikalischen Druckschwankungen (Schallreiz) in eine Hörempfindung umgewandelt werden, sind äusserst kompliziert und noch nicht völlig geklärt.

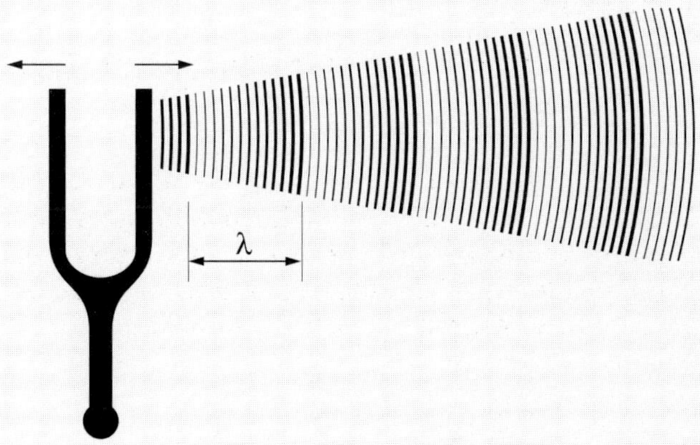

Erzeugung einer Schallwelle durch eine Stimmgabel

6.1.2 Entstehung und Ausbreitung einer Schallwelle

Die Luft wird im Rhythmus der schwingenden Stimmgabel verdichtet und verdünnt. Die entstehenden Druckschwankungen, welche dem atmosphärischen Luftdruck überlagert werden (Über- und Unterdruck), breiten sich mit einer Geschwindigkeit von etwa 340 m/s in der Luft in den Raum aus.
Die Ausbreitungsgeschwindigkeit in Luft ist für alle Frequenzen gleich gross (keine Dispersion). Es handelt sich stets um Longitudinalwellen. Beim Übergang in einen festen Körper (Körperschall) ändern sich sowohl die Laufgeschwindigkeiten als auch die Schwingungsmodi (Transversal- und Longitudinalwellen sind möglich). Entstehen zusätzlich noch Biegewellen, so kann sogar Dispersion auftreten. Die Behandlung von Körperschall ist deshalb viel anspruchsvoller als diejenige von Luftschall.
Die Kenntnis der spektralen Verteilung der einzelnen Schwingungsanteile einer Schallwelle ist von entscheidender Bedeutung, weil sich die verschiedenen Frequenzen sowohl bezüglich des menschlichen Hörvermögens als auch bezüglich der physikalischen Phänomene Reflexion, Absorption, Transmission und Beugung ganz unterschiedlich verhalten.

6.2 Frequenz, Wellenlänge, Intervalle

Da für alle Wellen die kinematische Grundgleichung $c = \lambda \cdot f$ gilt, kann aus der Frequenz bei bekannter Ausbreitungsgeschwindigkeit sofort die Wellenlänge berechnet werden und umgekehrt. Frequenz und Wellenlänge enthalten somit dieselbe Information.
In der folgenden Tabelle werden für Schall und Licht die für den Menschen wahrnehmbaren Frequenzen sowie die zugehörigen subjektiven Empfindungen zusammengestellt.

Frequenzbereiche für Licht und Schall

	Schall	Licht
Art der Wellen	elastische Druckwellen	elektromagnetische Wellen
Frequenzen Wellenlängen	16 Hz ... 16 kHz 20 m ... 2 cm	400 THz ... 790 THz 750 nm ... 380 nm
Frequenzempfindung	Tonhöhe	Farbe
Intensitätsempfindung	Lautstärke	Helligkeit
Ausbreitungs-geschwindigkeit	340 m/s	300'000 km/s

Intervalle und Frequenzbänder

Zwei Töne bilden ein Oktavintervall, wenn sich ihre Frequenzen verhalten wie 2:1. Die gesamte Musiklehre ist auf diesem einfachsten und reinsten aller Intervalle aufgebaut. Das Wort Oktave stammt von den acht Tönen unserer diatonischen Tonleiter. Den Bereich zwischen zwei Frequenzen, die ein Oktavintervall bilden, nennt man ein Oktavband.
In der Bauakustik beschränkt man sich meistens auf die fünf Oktavbänder mit den Mittenfrequenzen von 125 Hz bis 2000 Hz.
Für feinere Untersuchungen teilt man ein Oktavband nochmals in drei Terzbänder. Zwei Frequenzen bilden ein Terzintervall, wenn sich ihre Frequenzen verhalten wie $\sqrt[3]{2} : 1$.
Der bauakustische Frequenzbereich umfasst somit 16 Terzintervalle mit den 16 Terzbandmittenfrequenzen von 100 Hz bis 3150 Hz.

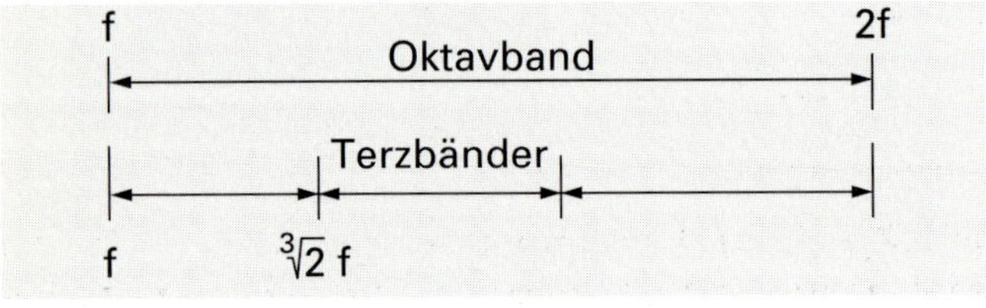

Beispiel eines Oktavbandes mit 3 Terzbändern

Die Bauakustik basiert auf dem physikalischen Normalton (1000 Hz), die Musik auf dem Kammerton a_1 (440 Hz).

Rauschen

Ist bei einem schwingungsartigen Vorgang keine Grundfrequenz oder Grundperiode feststellbar, so sprechen wir im allgemeinen von Rauschen, im akustischen Falle von Geräusch. Typisch dabei ist der Umstand, dass dann keine erkennbare Tonhöhe existiert. (Rauschen einer Autobahn, Geschossknall usw.)

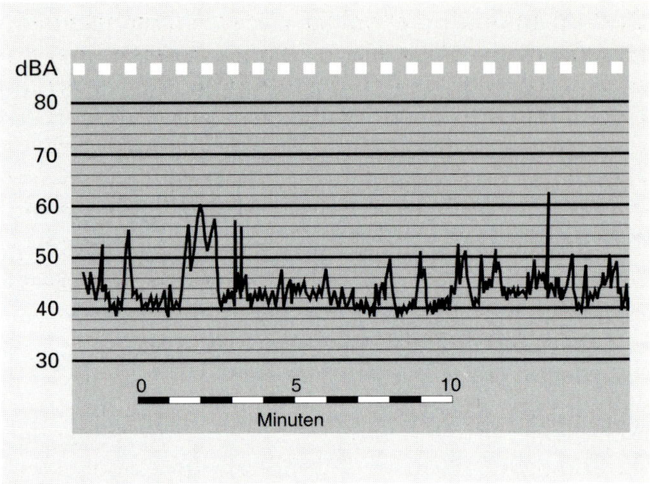

Aufzeichnung eines Geräusches

Auch bei elektromagnetischen Schwingungen und Wellen spricht man im übertragenen Sinne von Rauschen, wenn kein Sender mit eindeutiger Frequenz empfangen wird.

6.3 Wichtigste Grössen des Schallfeldes

6.3.1 Schalldruck p und Frequenz f

Unter dem Schalldruck verstehen wir die Wurzel aus dem quadratischen Mittelwert der zeitlichen Druckschwankung einer Schallwelle. Er ist um den Faktor $\sqrt{2}$ kleiner als die Amplitude $\hat{p}$ (Figur). Diese Schwankung ist in jedem Falle um Grössenordnungen kleiner als der statische Luftdruck, welcher für die Schallausbreitung ohne Bedeutung ist.
Die Einheit des Schalldruckes im internationalen Einheitensystem (SI) ist N/m². Tatsächlich sind aber immer noch zahlreiche andere veraltete Einheiten im Gebrauch.

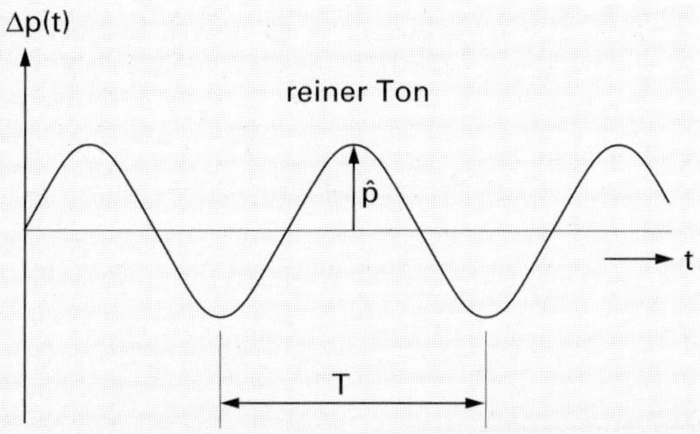

Schalldruck $$p = \frac{\hat{p}}{\sqrt{2}}$$ (Pa oder μbar)

Frequenz $$f = \frac{1}{T}$$ (s^{-1} = Hz)

$\hat{p}$ = Amplitude der Druckschwankung

6.3.2 Der Schallwiderstand Z

Eine weitere wichtige dynamische Grösse ist der Schallwiderstand

$$Z = \rho \cdot c$$

Der Schallwiderstand Z spielt eine Rolle bei der Beurteilung der Schalldämmung; diese ist umso besser, je mehr sich die Widerstände zweier angrenzender Medien unterscheiden. Daraus folgt die einfache Faustregel, dass man Luftschall mit schweren Körpern, Körperschall mit Luftzwischenräumen wirksam dämmen kann.
Der Schallwiderstand tritt auch in der Formel für den Schalldämmwert R für einschalige Wände auf (Kapitel 6.9.3 Massegesetz von Berger).

Grenzen zwei oder mehrere Stoffe mit gleichem Z aneinander, so geht der Schall ohne Schwächung durch.

Schallgeschwindigkeit und Schallwiderstand einiger Baustoffe

Stoff Einheit	c m/s	ρ kg/m³	Z kg/m²s
Beton	4000	2000	8'000'000
Mauerwerk	3500	1800	6'300'000
Stahl	5000	7800	39'000'000
Kork	500	200	100'000
Wasser	1400	1000	1'400'000
Luft	340	1,2	400

6.3.3 Schallintensität und Schallpegel

Als Schallintensität I bezeichnen wir die durch die Flächeneinheit hindurchtretende Schall-Leistung P/A. Es gilt im freien Schallfeld:

$$I = p \cdot v = \frac{p^2}{Z} = v^2 \cdot Z$$

Die Schallschnelle ergibt sich als Quotient von Druck und Widerstand

$$v = \frac{p}{Z}$$

Da obige Formel eine ähnliche mathematische Form hat wie das Ohm'sche Gesetz der Elektrizitätslehre, spricht man oft vom «Ohm'schen Gesetz der Akustik».

Beim Übergang einer Schallwelle von einem Medium (1) in ein angrenzendes Medium (2) wird bei unterschiedlichen akustischen Widerständen stets ein Bruchteil der Schallenergie reflektiert. Der Reflexionsfaktor $r = \hat{p}_1 / \hat{p}_2$ hängt nur von den beiden Schallwiderständen Z_1 und Z_2 ab:

$$r = \frac{Z_1 - Z_2}{Z_1 + Z_2}$$

Für $Z_1 = Z_2$ geht der Schall ungehindert durch die Mediengrenze. Man spricht in diesem Fall von akustischer Anpassung.

6.4 Ohm'sches Gesetz der Akustik

Im Sinne einer bequemen Merkregel können die folgenden Formeln und Grössen aus Akustik und Elektrizitätslehre einander gegenübergestellt werden:

Akustik	Elektrizität
Analogie Grössen	
akustischer Widerstand Z	elektrischer Widerstand R
mechanische Spannung p	elektrische Spannung U
Schallschnelle v	Stromstärke I
Analogie Formeln	
$v = \frac{p}{Z}$	$I = \frac{U}{R}$
$I = p \cdot v = \frac{p^2}{Z} = v^2 \cdot Z$	$P = U \cdot I = \frac{U^2}{R} = I^2 \cdot R$
$p = \sqrt{I \cdot Z}$	$U = \sqrt{P \cdot R}$

6.5 Schallpegel L

Aufgrund des logarithmischen Zusammenhangs zwischen der Schallintensität I (physikalische Grösse) und dem menschlichen Hörempfinden (subjektive Grösse), trägt auch die Definition des Schallpegels diesem biologischen Phänomen Rechnung (Weber-Fechner'sches Gesetz).

Definition Schallpegel L

$$L = 10 \log \frac{I}{I_0}$$

wegen $I = \frac{p^2}{Z}$ gilt auch

$$L = 20 \log \frac{p}{p_0}$$

Die kleinste hörbare Schallintensität beträgt:
$I_0 = 10^{-12}$ W/m² (Hörschwelle, Bezugsintensität).

Dies entspricht einem kleinsten Schalldruck:
$p_0 = 20\ \mu$Pa.

Der Schallpegel ist streng genommen eine dimensionslose Grösse. Die Einheit Dezibel (dB) wird – zur Erzielung einer fliessenden Sprechweise – einfach angefügt. Die logarithmische Definition reduziert den riesigen Bereich der hörbaren Intensität von etwa 13 Zehnerpotenzen auf eine Skala mit 130 dB-Stufen.

Im folgenden einige Schall-Leistungen (Grössenordnung)

Kompressor-Kühlschrank	10^{-7} W
Mensch (Unterhaltung)	10^{-5} W
Mensch (Maximum)	10^{-3} W
Trompete	10^{-1} W
Presslufthammer	1 W
Lautsprecher (volle Leistung)	10 W
Orgel	10^{2} W
Sirene	10^{3} W
Düsenflugzeug	10^{4} W

Addition von Schallpegeln

Wegen der logarithmischen Definition des Schallpegels ist die Wirkung von mehreren Pegeln nicht die Summe der Einzelpegel. Die Addition muss bei den Intensitäten erfolgen. Es gilt:

$$L_{gesamt} = 10 \log \sum_i 10^{0,1 \cdot L_i}$$

6.6 Anatomischer Aufbau des Ohrs

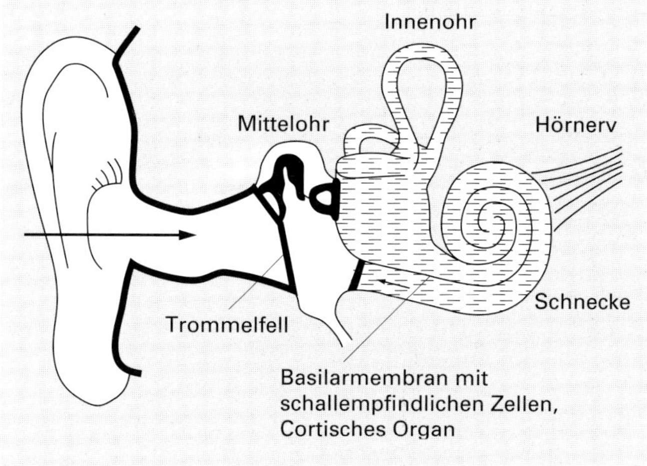

Der anatomische Aufbau des menschlichen Ohrs

Die drei Mittelohrknöchelchen (Hammer, Amboss, Steigbügel) haben die Aufgabe, die als Luftschall eintretenden Wellen akustisch an das mit Flüssigkeit gefüllte Innenohr weiterzuleiten (Impedanzanpassung). Im Innenohr befindet sich auch das Gleichgewichtsorgan, welches uns erlaubt, uns im Gravitationsfeld zu orientieren und «oben» und «unten» zu unterscheiden.

In der Schnecke werden die unterschiedlichen Schallfrequenzen selektiv wahrgenommen, so dass der Mensch mit einiger Übung in der Lage ist, einzelne Töne aus einem Frequenzgemisch herauszuhören.

Über den Hörnerv werden die akustischen Reize an das Grosshirn weitergeleitet, wo sie zu einem Sinneseindruck verarbeitet werden.

6.7 Schallbewertung

6.7.1 Die Lautstärke Λ (Einheit Phon)

Der Zusammenhang zwischen dem objektiven Schallpegel L (auch unbewerteter oder linearer Pegel in dB) und der subjektiv empfundenen Lautstärke (in Phon) ist schon für reine Töne sehr kompliziert. Er wird meistens graphisch dargestellt (Kurven gleicher subjektiver Lautstärke oder kurz «Phonkurven»).

Der Zusammenhang kann nur empirisch durch Befragung von Versuchspersonen mit nachträglicher statistischer Auswertung gewonnen werden.

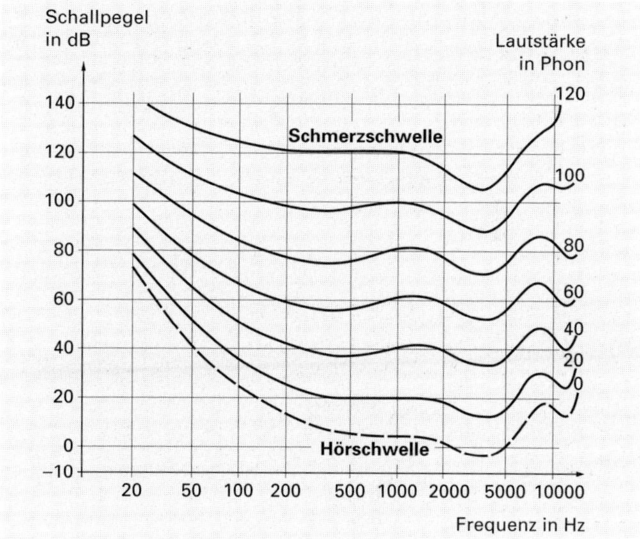

Definition der Lautstärke in Phon

Töne bei f = 1000 Hz:
  Λ in Phon = L in dB (willkürliche Normierung)

Töne bei beliebigem f:
  Λ in Phon = L in dB eines gleich laut empfundenen 1000 Hz - Vergleichstones

Zur Illustration lese man aus dem Blatt «Phonkurven» einige konkrete Wertepaare heraus:

a) vorgegebene Lautstärke (Λ = 40 Phon)

bei f = 1000 Hz	sind für 40 Phon Lautstärke 40 dB Pegel nötig (Normierung)
bei f = 100 Hz	sind für 40 Phon Lautstärke 50 dB Pegel nötig
bei f = 50 Hz	sind für 40 Phon Lautstärke 65 dB Pegel nötig
bei f = 20 Hz	sind für 40 Phon Lautstärke 90 dB Pegel nötig

b) vorgegebener Pegel (L = 80 dB)

bei f = 1000 Hz	erzeugen 80 dB Pegel 80 Phon Lautstärke (Normierung)
bei f = 500 Hz	erzeugen 80 dB Pegel 85 Phon Lautstärke
bei f = 50 Hz	erzeugen 80 dB Pegel 62 Phon Lautstärke
bei f = 20 Hz	erzeugen 80 dB Pegel 25 Phon Lautstärke

6.7 Schallbewertung

Die Beispiele zeigen, dass die Ohrempfindlichkeit des Menschen gegen tiefe Frequenzen abnimmt. Die Abnahme ist für kleine Lautstärken stärker, für grosse weniger stark ausgeprägt.

6.7.2 Bewertete Schallpegel

Die Bestimmung der Lautstärke in Phon durch subjektiven Hörvergleich ist sehr mühsam und zeitraubend. Für Routinemessungen kommt dieses Verfahren nicht in Frage. Man hat daher nach Möglichkeiten gesucht, dem menschlichen Hörvermögen dadurch gerecht zu werden, dass man die Schallintensität – möglichst der Ohrempfindlichkeit entsprechend – bewertet. Diese Bewertung erfolgt mittels elektrischen Filtern, welche in den Präzisionspegelmessern eingebaut sind. Die so gemessenen Schallpegel heissen frequenzbewertete Pegel.
Es wurden ursprünglich drei Filterkurven definiert, von denen heute vorwiegend die A-Bewertungskurve benützt wird:

- Filterkurve A: Sie misst den bewerteten Pegel L_A in dB_A
- Filterkurve B: Sie misst den bewerteten Pegel L_B in dB_B
- Filterkurve C: Sie misst den bewerteten Pegel L_C in dB_C

6.7.3 Grafische und tabellarische Darstellung der Schallbewertung

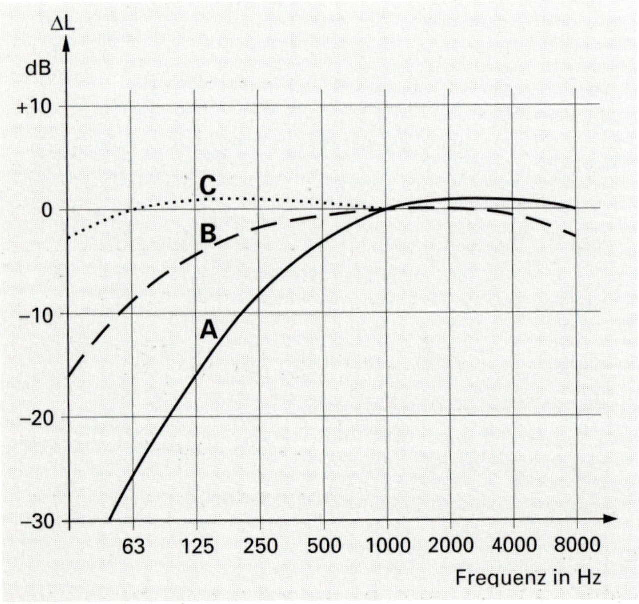

Bewertungskurven

Bewertungstabelle

Frequenzen	63	125	250	500	1000	2000	4000	Hz
A-Kurve	-26	-16	-9	-3	0	+1	+1	dB
B-Kurve	-9	-4	-1	0	0	0	-1	dB
C-Kurve	-1	0	0	0	0	0	-1	dB

Für Flugzeuglärm ist noch eine D-Bewertung im Gebrauch. Auf die Details dieser Spezialbewertung wird an dieser Stelle jedoch nicht weiter eingegangen.
Nebst den Frequenzbewertungen kommen bei sehr unregelmässigen Schallereignissen auch noch zeitliche Bewertungskriterien zum Zuge. Sie können heute an den Schallpegelmessern meistens durch Knopfdruck angewählt werden. Der wichtigste zeitbewertete Pegel ist der äquivalente Dauerschallpegel L_{eq}. Er entspricht demjenigen – fiktiven – stationären Pegel, welcher im betreffenden Zeitintervall auf die gleiche Schallenergie führt. Es gilt folgende Formel für L_{eq}:

$$L_{eq} = 10 \log \frac{1}{T} \int_{t_1}^{t_2} 10^{0,1 \cdot L(t)} \cdot dt$$

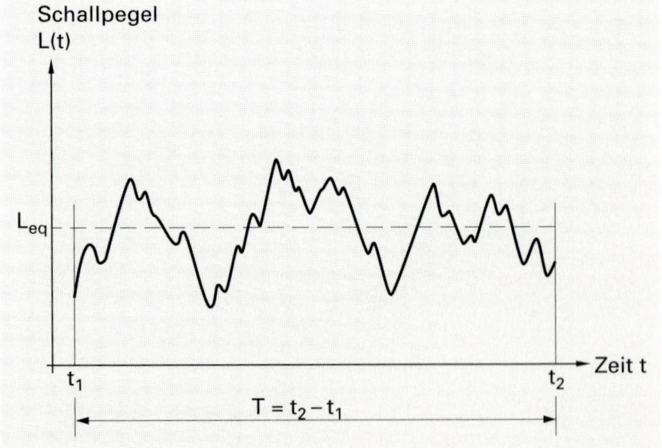

Für weitere Bewertungen mit den Bezeichnungen «Impuls», «fast», «slow» usw. wird auf die praktische Bauakustik verwiesen. Diese Spezialbewertungen bilden ein Teilgebiet der Mess-Statistik. Auch unterschiedliche Betriebszeiten und Betriebszustände (Tag-Nacht, Arbeitszeit-Ruhezeit usw.) können zur Gesamtbeurteilung einer Lärmbelastung herangezogen werden. Die entsprechenden Regeln sind in der Lärmschutzverordnung, welche dem Umweltschutzgesetz unterstellt ist, zusammengefasst. Die effektiv gemessenen Pegel werden durch diese Bewertungen zu Beurteilungspegeln reduziert, welche zum Teil eine politische Bedeutung erlangt haben. Entschädigungen für Schallschutzmassnahmen durch den Staat bei Überschreiten von festgelegten Alarmwerten bei öffentlichen Strassen oder Verweigerung von Baubewilligungen in bestimmten lärmbelasteten Bauzonen können die Folge sein.

Übersicht über die Grössenordnung von Schallpegeln (Richtwerte)

Schallquelle	Abstand m	Pegel dB	Intensität W/m²	Empfindung
Propellerflugzeug	5	130	10^{1}	unerträglich
Presslufthammer	1	120	$10^{0} = 1$	unerträglich
Kesselschmiede	–	110	10^{-1}	unerträglich
Autohupe	5	100	10^{-2}	sehr laut
Lastwagen	5	90	10^{-3}	sehr laut
Laute Radiomusik	–	80	10^{-4}	sehr laut
Unterhaltungssprache	1	70	10^{-5}	laut
Personenauto	10	60	10^{-6}	laut
Ruhiger Bach/Fluss	–	50	10^{-7}	leise
Wohnquartier o. Verkehr	–	40	10^{-8}	leise
Ruhiger Garten	–	30	10^{-9}	sehr leise
Ticken Taschenuhr	–	20	10^{-10}	sehr leise
nicht mehr erkennbar	–	10	10^{-11}	unhörbar
absolute Stille	–	0	10^{-12}	unhörbar

6.8.1 Pegelabnahme für Zylinder- und Kugelwellen

Für Linienquellen (Zylinderwellen) gilt:

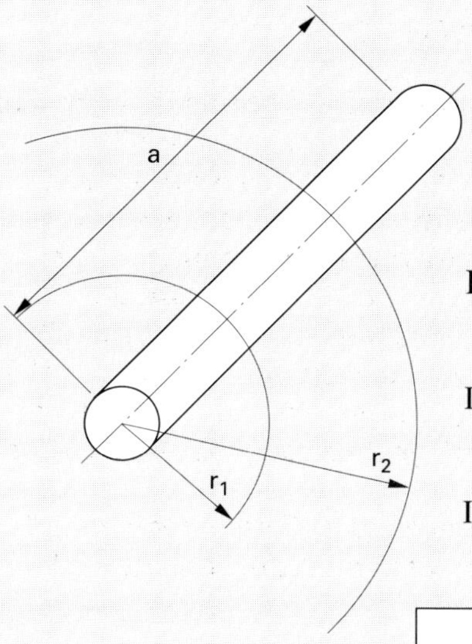

$$I(r) = \frac{P}{A} = \frac{P}{2\pi \cdot r \cdot a}$$

$$I_1 = \frac{P}{2\pi \cdot r_1 \cdot a}$$

$$I_2 = \frac{P}{2\pi \cdot r_2 \cdot a}$$

$$\Delta L = 10 \cdot \log \frac{r_2}{r_1}$$

Faustregel:
Eine Verdoppelung des Radius ergibt eine Pegelabnahme um 3 dB.

Für Punktquellen (Kugelwellen) gilt:

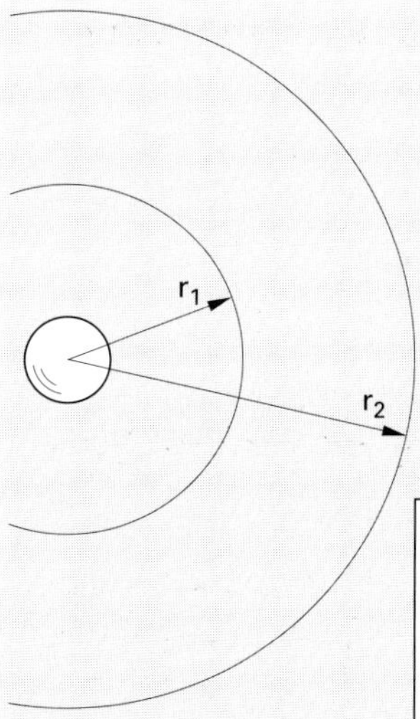

$$I(r) = \frac{P}{A} = \frac{P}{4\pi \cdot r^2}$$

$$I_1 = \frac{P}{4\pi \cdot r_1^2}$$

$$I_2 = \frac{P}{4\pi \cdot r_2^2}$$

$$\Delta L = L_1 - L_2 = 10 \log \frac{I_1}{I_2}$$

$$\Delta L = 10 \cdot \log \left(\frac{r_2}{r_1}\right)^2$$

$$\Delta L = 20 \cdot \log \left(\frac{r_2}{r_1}\right)$$

Faustregel:
Eine Verdoppelung des Radius ergibt eine Pegelabnahme um 6 dB.

6.8.2 Zusätzliche Dämpfungen bei der Schallausbreitung (Dissipation)

Wegen Reibungseffekten zwischen den schwingenden Luftmolekülen wird bei der Schallausbreitung in Luft stets ein gewisser Teil der Schallenergie in Wärme umgewandelt und geht damit dem Schallfeld verloren. Dies bewirkt einen Dämpfungsverlust oder im physikalischen Jargon eine Dissipation, d.h. eine Umwandlung von Schallenergie in Wärme. Bis zu Abständen von 100 m darf diese Dämpfung vernachlässigt werden. Wie die folgende Tabelle zeigt, sind die Dämpfungswerte stark frequenzabhängig.

Frequenz (Hz)	63	125	250	500	1000	2000	4000	8000
Luft, 15° Celsius, 75% relative Luftfeuchtigkeit	0,012	0,03	0,07	0,16	0,38	0,85	2,0	4,5
Nebel, 30 m Sicht	0,8	1,0	1,3	1,6	2,0	2,5	3,0	4,0

Schallpegelminderung ΔL in Luft (in dB/100m)

Da hohe Frequenzen wesentlich stärker gedämpft werden als tiefe, wird ein entferntes Geräusch im allgemeinen nicht nur leiser, sondern auch wesentlich dumpfer wahrgenommen als ein nahes (Donnergrollen, Flugzeugbrummen usw.)
Poröse Stoffe weisen eine besonders hohe Absorption auf. Durch das Ausfüllen von Hohlräumen mit faserigem Material kann die Schalldämmung von Trennelementen deshalb wirkungsvoll unterstützt werden. Die akustischen Absorptionseigenschaften von Baustoffen werden üblicherweise unter dem Thema Raumakustik (Kapitel 6.9) behandelt.

6.8.3 Beugung von Schallwellen

Die Tatsache, dass Schall sich im Freien nicht exakt geradlinig ausbreitet, sondern mehr oder weniger stark in den Schattenbereich von Hindernissen eindringt, bezeichnet man als Beugung. Dieses Phänomen ist an sich allen Wellen eigen, wird aber bei Schall deswegen gut beobachtbar, weil viele Hindernisse in der Grössenordnung der Schallwellenlänge liegen. Es gilt für alle Wellen folgende Regel:

Beugungsregel von Huygens:
Je kleiner ein Hindernis (oder auch eine Öffnung) im Vergleich zur Wellenlänge ist, umso ausgeprägter ist die Beugung. Wenn wir einen Menschen hinter einer Hausecke oder einem Baum nicht sehen, aber sehr wohl hören können, so liegt das daran, dass die Lichtwellenlänge (etwa 0,5 μm) für Beugung zu klein ist, während die Schallwellenlänge in der gleichen Grössenordnung (einige dm) liegt wie das Hindernis. Infolge der Beugung kann Schall auch hinter eine Schallschutzwand gelangen, selbst wenn die Schalldämmung der Wand perfekt wäre.

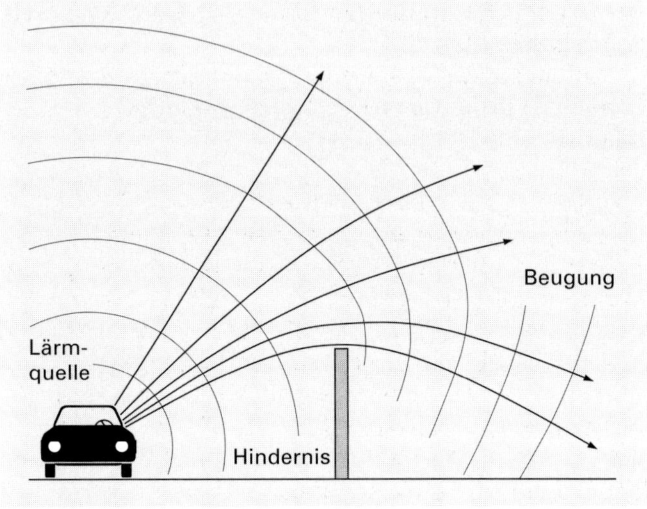

Beugung um ein Hindernis

Die Schutzwirkung eines Hindernisses ist infolge der Beugung bei tiefen Frequenzen kleiner als bei hohen.

6.9 Schall im Gebäude

6.9.1 Die wichtigsten bau- und raumakustischen Grundbegriffe

Das Verhalten von Schall im Innern eines Raumes wird vorwiegend durch die Reflexions- und Absorptionseigenschaften der Wandoberflächen und der allgemeinen Raumausstattung (Publikum, Mobiliar usw.) bestimmt.
Es unterscheidet sich vom Freifeldverhalten wesentlich und wird unter dem Titel Raumakustik beschrieben.

Der Durchgang durch Trennelemente wie Wände, Decken, Fenster usw. ist durch das Schwingungsverhalten der betreffenden Konstruktionen geprägt und gehört in den Bereich der Bauakustik, wobei der Begriff des Schall-Dämmasses R_w im Vordergrund steht. Die physikalischen Grundbegriffe Reflexion, Absorption und Transmission können mit Hilfe einer Energiebilanz am Trennelement gemäss Figur veranschaulicht werden. Mit ihrer Hilfe werden die raum- und bauakustischen Zusammenhänge hergeleitet.

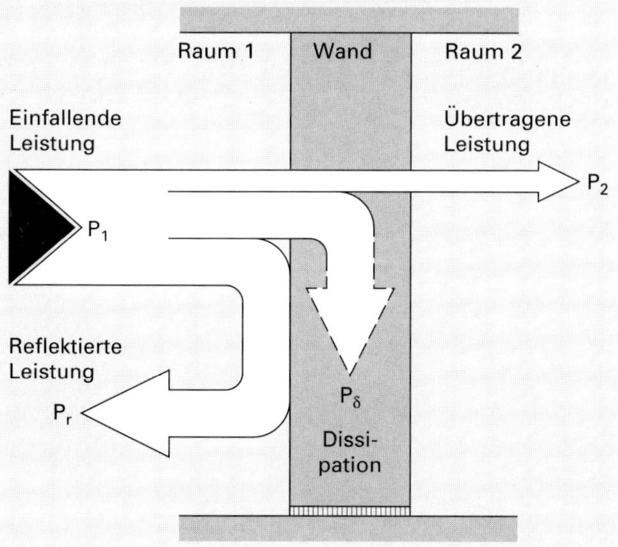

Energieerhaltung liefert:

$$P_1 = P_r + P_\delta + P_2$$

und nach Division durch P_1:

$$1 = \frac{P_r}{P_1} + \frac{P_\delta}{P_1} + \frac{P_2}{P_1}$$

$$\rho = \text{Reflexionsgrad} = \frac{P_r}{P_1}$$

$$\delta = \text{Dissipationsgrad} = \frac{P_\delta}{P_1}$$

$$\tau = \text{Transmissionsgrad} = \frac{P_2}{P_1}$$

$$1 = \rho + \delta + \tau$$

Energiebilanz an einem Trennelement

6.9.2 Raumakustik

Wird in einem Raum durch eine Schallquelle konstanter Leistung ein Schallfeld aufgebaut, so stellt sich nach einer kurzen Zeit ein Gleichgewicht zwischen Schallproduktion und Schallabsorption ein.
Bei durchschnittlicher Absorption der Raumbegrenzung kann das Schallfeld als diffus betrachtet und die Intensität durch folgende Formel bestimmt werden:

$$I_{diffus} = \frac{4 \cdot P}{A}$$

P = Leistung der Schallquelle
A = äquivalente Schallabsorptionsfläche = $\sum \alpha_i \cdot S_i$
S_i = Wandoberfläche i
α_i = Absorptionskoeffizient i

α = mittlerer Absorptionskoeffizient = $\dfrac{\sum \alpha_i \cdot S_i}{\sum S_i}$

Der mittlere Absorptionskoeffizient α kann aufgefasst werden als Bruchteil der auf die Oberfläche auftreffenden Schallenergie, welcher nicht in den Raum reflektiert wird. Aus der Sicht der Raumakustik ist dabei unwichtig, ob der Schall in der Konstruktion verloren geht (Dissipation) oder das Trennelement durchdringt (Transmission).

Es gilt somit: $\alpha = \delta + \tau$

Die äquivalente Absorptionsfläche A und der Absorptionskoeffizient α sind Kenngrössen, welche einer Messung nicht unmittelbar zugänglich sind. Sie werden in der Praxis indirekt über Nachhallzeitmessungen und nachträgliche Umrechnung mit der Formel von Sabine bestimmt:

$$T = \frac{\text{Konst.} \cdot V}{A}$$

T = Nachhallzeit in s
V = Raumvolumen in m^3
A = äquivalente Schallabsorptionsfläche in m^2
Konst. = 0,163 s/m

Die Nachhallzeit T ist als diejenige Zeit definiert, welche nach Abschalten der Schallquelle verstreicht, bis der Schallpegel um 60 dB abgenommen hat. Infolge des exponentiellen Abfalls der Schallenergie und der logarithmischen Definition des Schallpegels liefert der Pegelverlauf eine Nachhallkurve mit konstanter Neigung. Das Bestimmen der Nachhallzeit ist daher sehr einfach.

70

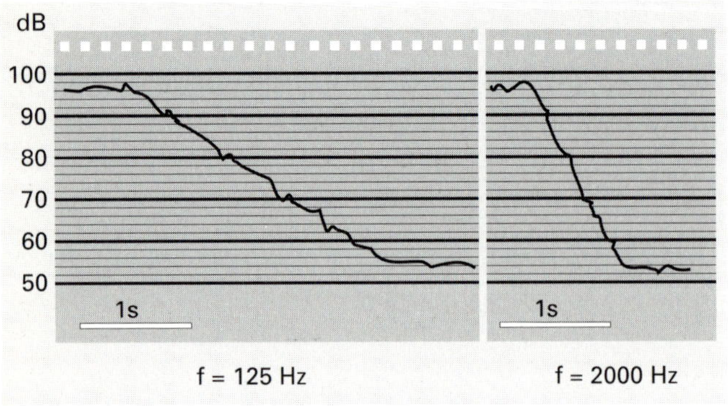

Beispiele von Nachhallzeitkurven

Beachte:
Die Nachhallzeiten sind frequenzabhängig. Oft arbeitet man mit Oktavband-Mittelwerten. Die frequenzabhängigen Nachhallzeiten führen sinngemäss auch zu frequenzabhängigen Absorptionskoeffizienten. In der folgenden Tabelle, welche dem Skript «Schallisolation» von Prof. Lauber entnommen ist, sind einige typische Werte zusammengestellt.

Tabelle Absorptionskoeffizienten

Element	Absorptionskoeffizient α (Oktavband-Mittelwerte)					
	125 Hz	250 Hz	500 Hz	1000 Hz	2000 Hz	4000 Hz
Glatter Verputz auf Mauerwerk oder Beton	0,01	0,01	0,02	0,02	0,03	0,04
Aufgehängte, glatte Gipsdecke	0,25	0,2	0,1	0,05	0,05	0,1
Wandverkleidung aus Holz oder Holzfaserplatten auf Lattenrost	0,4	0,3	0,2	0,1	0,1	0,2
Aufgeklebter Bodenbelag (Holz, Kork, Gummi)	0,02	0,03	0,04	0,05	0,05	0,1
Parkett usw. auf Blindboden	0,2	0,15	0,1	0,1	0,05	0,1
Teppiche mittlerer Dicke	0,05	0,08	0,2	0,3	0,35	0,4
Vorhänge mittel	0,1	0,15	0,3	0,4	0,5	0,6
Akustikplatte, 2 cm, aufgeklebt	0,1	0,15	0,4	0,6	0,7	0,7
Akustikplatte, 2 cm, auf Lattenrost	0,2	0,3	0,6	0,7	0,7	0,7
Geschlossene Fenster	0,1	0,04	0,03	0,02	0,02	0,02
Mit Zuhörern, Orchester, Chören belegte Fläche	0,60	0,74	0,88	0,96	0,93	0,85
Fläche der Bestuhlung (Polster mit Stoffbespannung) ohne Zuhörer	0,49	0,66	0,80	0,88	0,82	0,70
Fläche der Bestuhlung (Polster mit Leder) ohne Zuhörer	0,44	0,54	0,60	0,62	0,58	0,50

Element	Absorption in m²/Element					
	125 Hz	250 Hz	500 Hz	1000 Hz	2000 Hz	4000 Hz
Publikum (m²/Person) stehend oder – auf Holzbestuhlung	0,15	0,3	0,5	0,55	0,6	0,5
– auf Polsterbestuhlung	0,2	0,4	0,55	0,6	0,5	0,5
Orchester mit Instrumenten auf Podium/Podest	0,4	0,8	1,0	1,4	1,3	1,2
Bestuhlung alleine – Holz	0,01	0,01	0,02	0,03	0,05	0,06
– Polster mit Stoffbespannung	0,1	0,3	0,35	0,45	0,5	0,4
– Polster mit Leder	0,1	0,25	0,35	0,35	0,2	0,1

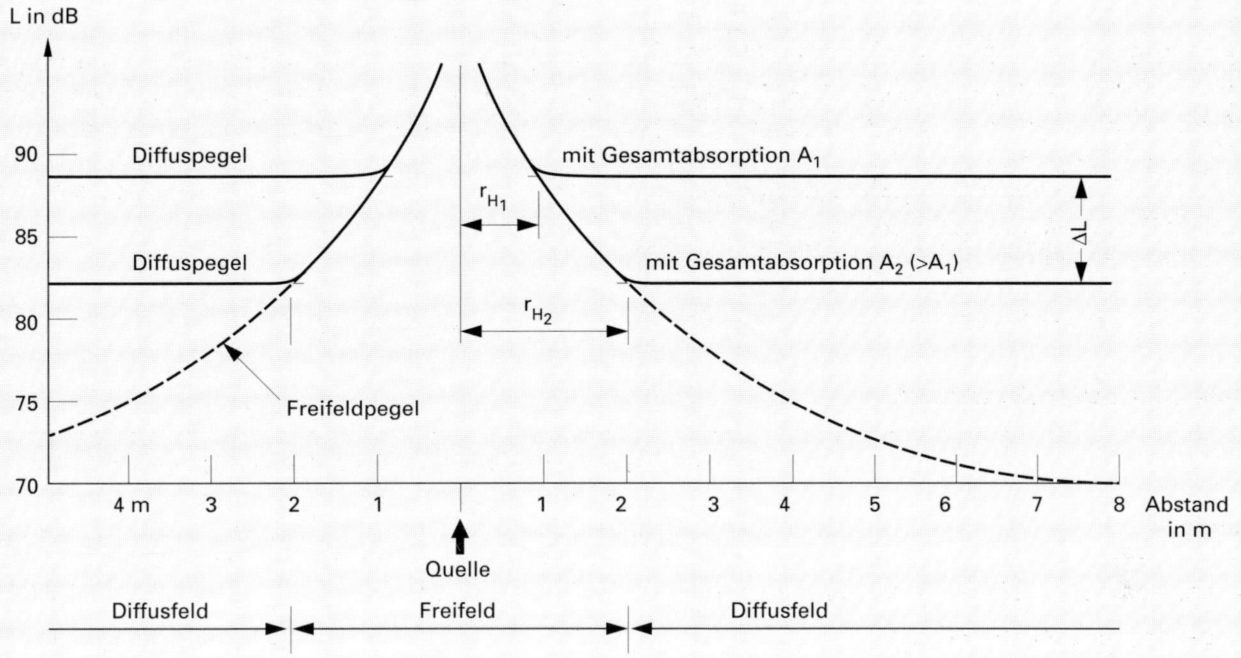

Hallradius und Pegelsenkung ΔL

Der Hallradius

In unmittelbarer Nähe der Schallquelle ist der Pegel stets ein wenig höher als der diffuse Schallpegel, da sonst gar keine Energie in den Raum abgegeben würde, um die laufenden Absorptionsverluste zu dekken. In diesem Nahbereich breitet sich der Schall näherungsweise gleich aus wie im Freifeld.

Die Distanz von der Quelle, bei der der Freifeldpegel auf den diffusen Wert abgesunken ist, heisst Hallradius r_H. Er lässt sich durch Gleichsetzen von $I_{diffus} = I_{frei}$ und Auflösen nach r_H bestimmen.

Es ergibt sich:

$$r_H = \sqrt{\frac{A}{16\,\pi}}$$

Wird in einem Raum mit konstanter Schallproduktion die Absorption von A_1 auf A_2 erhöht, so vergrössert sich der Hallradius und der Pegel im diffusen Feld sinkt um den Betrag ΔL:

$$\Delta L = 10 \cdot \log \frac{A_2}{A_1}$$

Durch geschickte Wahl der Absorptionseigenschaften der Wandoberflächen kann auf diese Weise ein Raum akustisch konditioniert oder bedämpft werden.

6.9.3 Bauakustik

Je weniger Schall von einem Raum in einen anderen, angrenzenden Raum übertragen wird, umso besser ist die Schalldämmung des betreffenden Trennelementes. Für eine nebenwegfreie (labormässige) Übertragung gilt folgende Definition für das Schall-Dämmmass:

$$R = 10 \cdot \log \frac{1}{\tau}$$

Der Transmissionsgrad τ und somit das Schall-Dämmmass R sind frequenzabhängig. Um den Dämmwert einer Konstruktion mit einer einzigen Zahl charakterisieren zu können, werden die R-Werte nach einem genormten Verfahren gewichtet. Der auf diese Weise frequenzmässig gemittelte R-Wert heisst bewertetes Schall-Dämmass R_w. Das Prozedere für das Mittelungsverfahren für R_w ist in den einschlägigen Normen beschrieben (In der Schweiz: SIA-Norm 181). Die Vorausberechnung von R_w für eine beliebige Konstruktion ist mit erheblichen Schwierigkeiten verbunden, weshalb in der Praxis oft auf Erfahrungswerte oder auf qualitative Überlegungen zurückgegriffen werden muss.

Das von Berger hergeleitete Massegesetz für einschalige Wände zeigt die Haupteinflüsse von Frequenz f und Flächenmasse m' jedoch prinzipiell richtig auf.

$$R = 20 \cdot \log \frac{\omega m'}{2Z}$$

ω = Kreisfrequenz $2\pi \cdot f$
m' = Flächenmasse in kg/m^2
Z = Schallwiderstand
R = Schall-Dämmass in dB

Wegen stets vorhandener Schall-Nebenwege am Bau, wegen unvermeidlicher Ungenauigkeiten in der Bauausführung und vor allem wegen der bereits besprochenen Biegeresonanzphänomene weichen die experimentell gemessenen R-Werte gegenüber der Theorie mehr oder weniger stark nach unten ab. Um Missverständnisse zu vermeiden, werden am Bau gemessene Schalldämmwerte daher mit R'_w bezeichnet.
Für zwei- und mehrschalige Konstruktionen ist die Berechnung des Schall-Dämmasses mit allgemeingültigen Formeln nicht mehr möglich. Dies ist einerseits eine Folge der komplizierten Koppelungen verschiedener Wellentypen (Längs-, Quer-, Biegewellen), andererseits bedingt durch die enorme Vielfalt von Ausführungsformen.
Es existieren jedoch für gewisse Standard-Konstruktionen halbempirische Methoden zur Abschätzung von R_w.
Für weitere Einzelheiten wird auf die gängigen Normen und auf die bauakustische Spezialliteratur verwiesen.

7. Elektrizität

7.1 Gleichstrom

7.1.1 Der unverzweigte Gleichstromkreis

Der einfachste Stromkreis, den man sich vorstellen kann, besteht aus einer Spannungsquelle U (Batterie, Akkumulator, Generator, Thermoelement) und einem passiven Verbraucher. Die Spannungsquelle liefert die Energie zur Aufrechterhaltung des Stromflusses. Der Verbraucher R verkörpert sämtliche im Kreis vorhandenen Widerstände, welche auch allfällige Innenwiderstände der Batterie sowie die Widerstände der Leitungen einschliessen.
Die pro Zeiteinheit durch einen Leiterquerschnitt fliessende Ladung heisst elektrische Stromstärke I.
Definition elektrische Stromstärke:

$$I = \frac{\Delta Q}{\Delta t}$$

Der Gesamtwiderstand R heisst rein Ohm'sch, falls die von der Quelle gelieferte Energie in ihm vollständig in Joule'sche Wärme umgewandelt wird (Dissipation). Als einfaches Beispiel denke man sich eine Autobatterie als Spannungsquelle und die Glühwendel einer Scheinwerferlampe als Verbraucher.

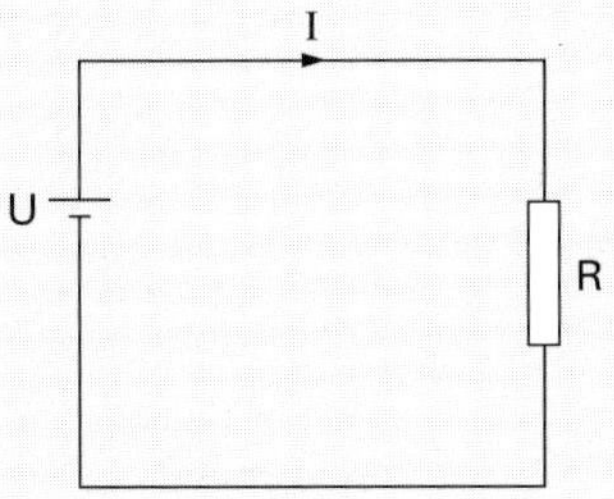

Für diesen einfachsten Fall gilt das Gesetz von Ohm:

$$\text{Strom} = \frac{\text{Spannung}}{\text{Widerstand}}$$

$$I = \frac{U}{R}$$

Zum Ohm'schen Gesetz
Zur Art und Weise, wie man sich die Formel am besten merken und notieren kann, sind schon viele Eselsbrücken gebaut worden (siehe Anekdote aus dem Kanton Uri).
Im Sinne der kausalen Denkweise betrachten wir im Ohm'schen Gesetz die Spannung U als Ursache, den Widerstand R als Hemmung und die Stromstärke I als Wirkung.

Alessandro Volta, André Marie Ampère und Georg Simon Ohm hatten schon lange miteinander wissenschaftlich korrespondiert und verbrachten einmal einen gemeinsamen Urlaub in der Innerschweiz. Abends pflegte man dem guten Rigi-Kirschwasser zuzusprechen und fachzusimpeln. Dabei versuchte man immer wieder, eine «Weltformel» zu finden, in der die Spannung U, der Strom I und der Widerstand R gemeinsam vorkommen sollten. Zahlreiche Möglichkeiten wurden diskutiert und regelmässig gab es Streit, weil keiner von den Dreien mit seinem Symbol unter den Bruchstrich wollte, siehe Abbildung.
Den Wirt verdross eines Abends das Gezänk um U, R und I, und er verbat sich den Lärm mit der Bemerkung «Jetz isch aber Schluss mit dänä Tänz! So öppis sin mir üs in Uri nid gwent!».
Ohm erkannte blitzartig, dass der Wirt soeben unwillkürlich die richtige Lösung ausgesprochen hatte, nämlich U-R-I, d.h. $U = R \cdot I$.
Ohm verkündete die Lösung mit den überlieferten Worten «Jungs, ich hab's: U gleich R mal I. Die nächste Runde kommt von mir!»

Weltformel der Elektriker, geschaffen von drei genialen Gelehrten und einem Göschener Gastwirt
Quelle: Elektrikon, Weber's Taschenlexikon

7. Elektrizität

7.1 Gleichstrom

74 Ist die von der Spannungsquelle gelieferte Spannung U konstant, so fliesst auch ein Strom I mit konstantem Betrag. Wir sprechen daher von Gleichstrom. Um die konstanten Grössen von den variablen Momentanwerten zu unterscheiden, werden sie mit Grossbuchstaben bezeichnet.

Spannungsverlauf

Stromverlauf

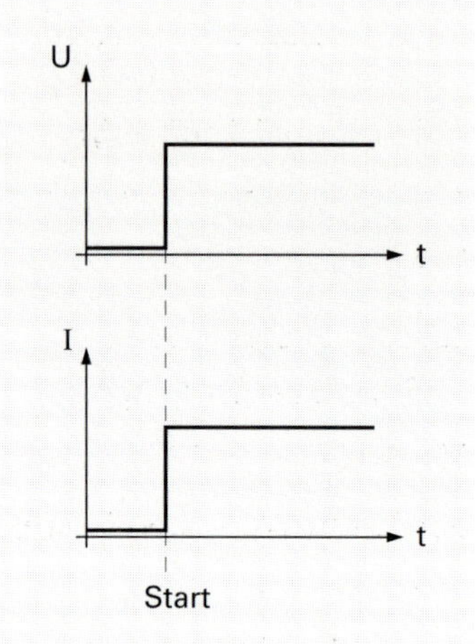

7.1.2 Die elektrische Leistung, Joule'sche Wärme

Die im Verbraucher umgesetzte Energie pro Zeiteinheit heisst elektrische Leistung P. Sie ist das Produkt aus Spannung und Stromstärke.

$$P = U \cdot I$$

Die in einem Ohm'schen Verbraucher umgesetzte Energie wird vollständig in Wärme umgewandelt (Joule'sche Wärme). Der Vorgang selbst wird als Dissipation bezeichnet.

Joule'sche Wärme: $\Delta Q = U \cdot I \cdot \Delta t = P \cdot \Delta t$

Es sei an dieser Stelle schon erwähnt, dass das Ohm'sche Gesetz auch gilt, wenn die Spannung u(t) einen beliebigen, zum Beispiel sinusförmigen Verlauf aufweist wie etwa bei einem Fahrraddynamo. Auch in diesem Fall gilt in jedem Moment für den Momentanwert i(t):

$$i(t) = \frac{u(t)}{R}$$

Wir sprechen in diesem Fall von Wechselstrom. Variable Wechselstromgrössen werden mit Kleinbuchstaben bezeichnet.

Spannungsverlauf

$u(t) = \hat{U} \cdot \sin \omega t$

Stromverlauf

$i(t) = \hat{I} \cdot \sin \omega t$

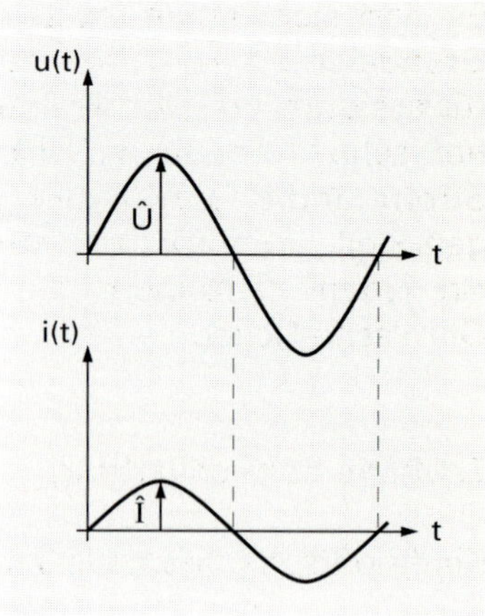

Da in der Elektrotechnik auch Induktivitäten und Kapazitäten als Schaltelemente auftreten, welche sich im Unterschied zu Ohm'schen Widerständen im Wechselstromkreis ganz unterschiedlich verhalten, wird die Wechselstromlehre in einem eigenen Kapitel behandelt.

Merke:
In einem Ohm'schen Kreis verlaufen Strom und Spannung zeitlich synchron (phasengleich).

Die Schaltungsregeln
In Wirklichkeit enthalten reale Netzwerke selten nur einen einzigen Verbraucher. Meistens besteht das Netz aus mehr oder weniger komplizierten Teilschaltungen, deren häufigste Vertreter eigene Bezeichnungen erhalten haben wie:

Sternschaltungen

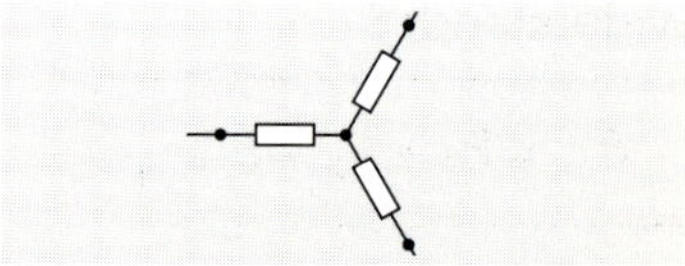

Dreieckschaltungen

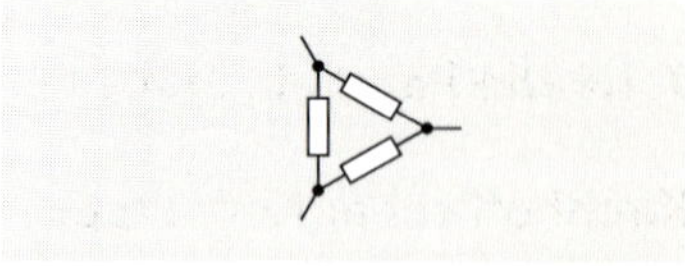

Brückenschaltungen

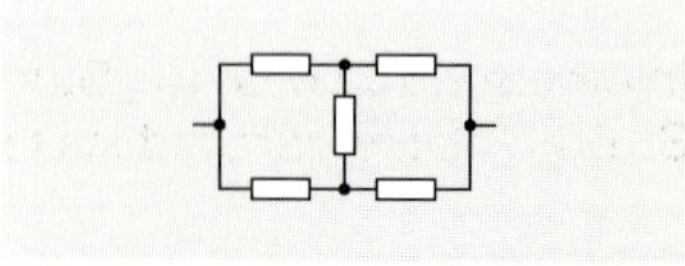

Serieschaltungen

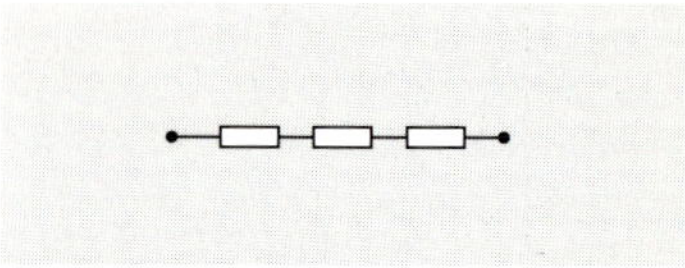

Parallelschaltungen

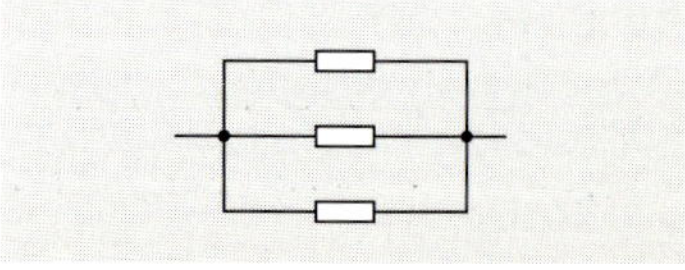

Es lässt sich zeigen, dass letztlich alle Netze auf die Grundelemete der Serie- und Parallelschaltung zurückgeführt werden können. Mit Hilfe der Kirchhoff'schen Knoten- und Maschensätze lassen sich die Strom- und Spannungsverhältnisse an jeder beliebigen Stelle innerhalb einer Schaltung berechnen.
An jedem einzelnen Widerstand gilt wieder das Ohm'sche Gesetz.

7.1.3 Die Serieschaltung

Kirchhoff'scher Maschensatz: $U_0 = U_1 + U_2 + U_3$

In einer Masche ist die Gesamtspannung die Summe aller Teilspannungen.

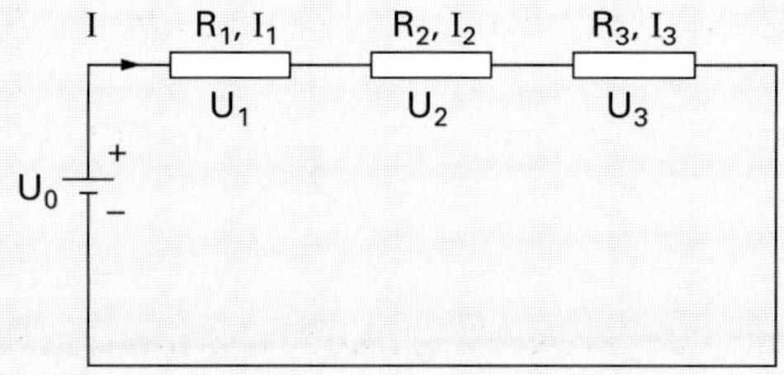

$$I = I_1 = I_2 = I_3 \Longrightarrow \frac{U_1}{R_1} = \frac{U_2}{R_2} = \frac{U_3}{R_3} = \frac{U_0}{R_{tot}}$$

Aus dem Maschensatz folgt:

$$I \cdot R_{tot} = I \cdot R_1 + I \cdot R_2 + I \cdot R_3$$

Der Gesamtwiderstand R_{tot} ist die Summe aller Einzelwiderstände:

$$R_{tot} = R_1 + R_2 + R_3$$

7.1.4 Die Parallelschaltung

Kirchhoff'scher Knotensatz: $I_0 = I_1 + I_2 + I_3$

In einem Knoten ist die Summe aller wegfliessenden Ströme gleich dem zufliessenden Gesamtstrom.

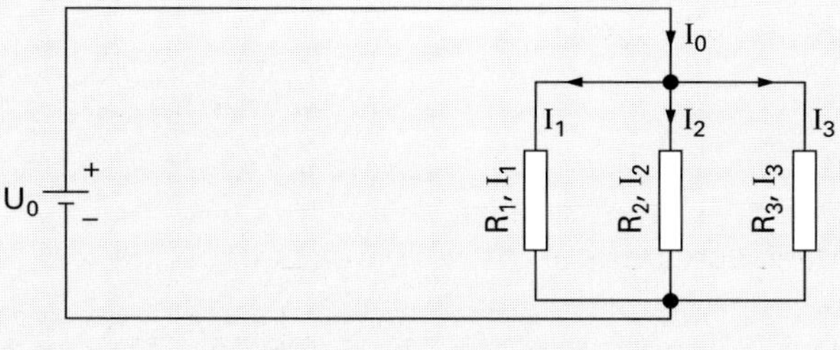

$$U_0 = U_1 = U_2 = U_3 \Longrightarrow I_1 \cdot R_1 = I_2 \cdot R_2 = I_3 \cdot R_3 = I_0 \cdot R_{tot}$$

Aus dem Knotensatz folgt:

$$\frac{U_0}{R_{tot}} = \frac{U_0}{R_1} + \frac{U_0}{R_2} + \frac{U_0}{R_3}$$

Der Gesamtleitwert ist die Summe aller Einzelleitwerte:

$$\frac{1}{R_{tot}} = \frac{1}{R_1} + \frac{1}{R_2} + \frac{1}{R_3}$$

oder

$$G_{tot} = G_1 + G_2 + G_3$$

Der Reziprokwert des Widerstandes heisst Leitwert G:

$$G = \frac{1}{R}$$

Einheit: $[G] = \text{Siemens} = S = \frac{1}{\Omega}$

7.1.5 Nichtohm'sche Elemente

Wie bereits erwähnt, kommen nebst den Ohm'schen Verbrauchern, in welchen die elektrische Energie stets dissipiert (verheizt) wird, in der elektrotechnischen Praxis noch zwei passive Elemente vor, welche erst im Zusammenhang mit der Energiespeicherung im elektrischen und magnetischen Feld ihre Wirkung entfalten. Die induktiven Elemente, das sind vor allem Spulen aller Art, treten als magnetische Energiespeicher auf und heissen Induktivitäten. Die kapazitiven Elemente treten immer im Zusammenhang mit elektrischen Feldern auf und heissen Kondensatoren.
In einem Gleichstromkreis ist eine reine Induktivität wirkungslos ($R = 0$), während eine reine Kapazität dem Gleichstrom einen unendlichen Widerstand entgegensetzt und somit als Sperre wirkt.
Diese Elemente erlangen ihre praktische Bedeutung deshalb erst bei nichtstationären Spannungsverläufen wie Schwingungen oder Einschaltvorgängen (siehe auch Kapitel 1.5.10).

7.2 Wechselstrom

76 Zur Versorgung der Wirtschaft mit elektrischer Energie wird heute fast ausschliesslich Wechselstrom verwendet. Ein Hauptgrund hierfür ist, dass sich mit Hilfe von Transformatoren die Spannung nach Wunsch bequem verändern lässt. Ferner entstehen bei der Erzeugung elektrischer Energie in Generatoren an den Klemmen prinzipiell Wechselspannungen (Faraday'sches Induktionsprinzip 1831).

7.2.1 Prinzip des Wechselstromgenerators

Eine rechteckige Drahtschleife dreht sich mit konstanter Drehgeschwindigkeit in einem homogenen Magnetfeld.

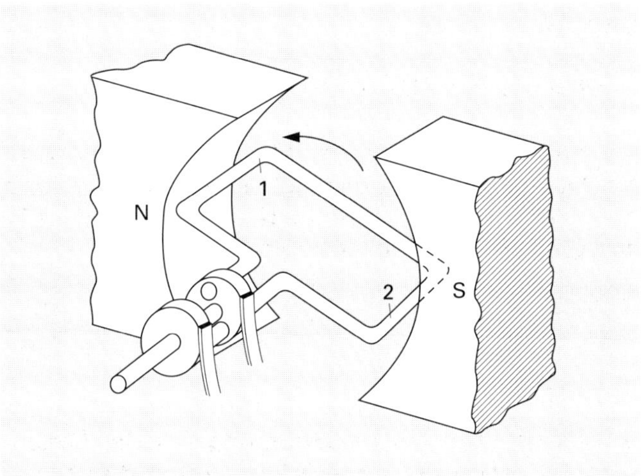

Prinzip des Wechselstromgenerators

Über 2 Bürsten oder Schleifringe wird die induzierte Spannung abgegriffen und bei Bedarf weitergeleitet. Steht die Leiterschleife anfangs senkrecht zu den magnetischen Feldlinien, so wird sie vom magnetischen Fluss $\hat{\Phi}$ voll durchsetzt. Nach Ablauf der Zeit t hat sie sich um den Winkel $\varphi = \omega t$ weitergedreht.

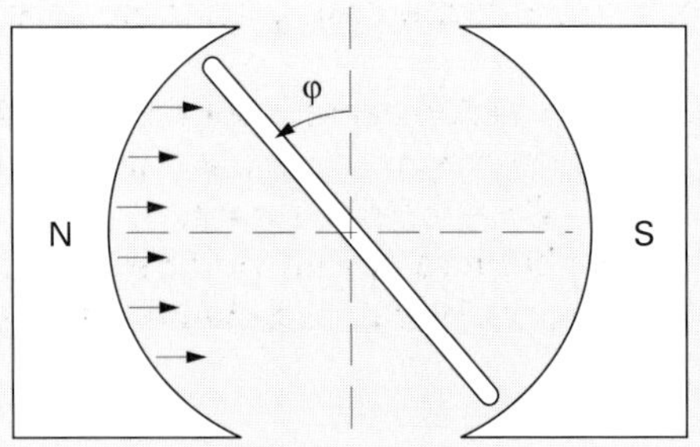

$$\hat{\Phi} = B \cdot A$$

B = magnetische Flussdichte
A = Leiterfläche
$\hat{\Phi}$ = maximaler Fluss

Flussänderung bei Drehung der Leiterschleife

Der durch die Schleife tretende Fluss ist dadurch kleiner geworden und beträgt nur noch

$$\Phi(t) = \hat{\Phi} \cdot \cos \varphi$$

Drückt man den Drehwinkel φ als Funktion der Zeit t aus, so ist mit der Winkelgeschwindigkeit $\omega = 2\,\pi\,f$

$$\Phi(t) = \hat{\Phi} \cdot \cos \omega t$$

Dabei wird nach dem Induktionsgesetz in der Schleife eine Urspannung induziert:

$$u_{ind} = -\frac{d\,\Phi}{d\,t} = -\frac{d\,(\hat{\Phi} \cdot \cos \omega t)}{d\,t}$$

Die Differentiation ergibt

$$u_{ind} = \omega \cdot \hat{\Phi} \cdot \sin \omega t = \hat{U} \cdot \sin \omega t$$

$$\text{mit } \hat{U} = \omega \cdot \hat{\Phi}$$

In einer gleichförmig rotierenden Schleife wird im homogenen Magnetfeld eine sinusförmige Spannung induziert.

7.2.2 Zeigerdarstellung

Analog wie bei einer mechanischen Schwingung kann eine sinusförmige Spannung als Vertikalprojektion eines gleichmässig rotierenden Zeigers aufgefasst werden. Im obigen Beispiel wäre der Nullphasenwinkel $\varphi_0 = 0$, so dass für t = 0 ein Zeigerbild mit horizontal nach rechts weisendem Pfeil entsteht, welcher mit der konstanten Netzfrequenz von 50 Hz im Gegenuhrzeigersinn dreht.

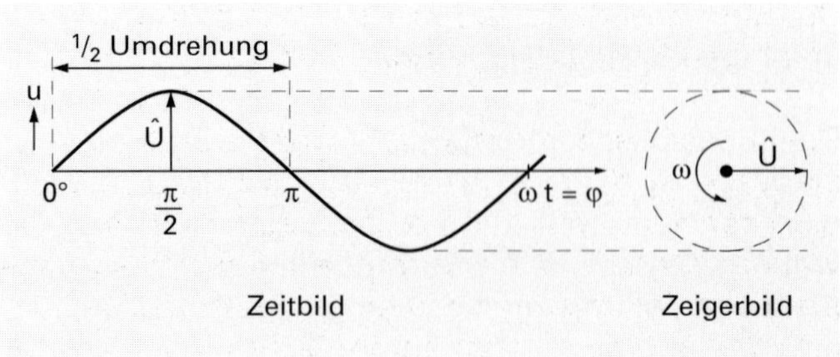

Sinusförmige Wechselspannung im Zeitverlauf und Zeigerbild

Die elektrischen Maschinen werden so konstruiert, dass die Wechselspannung stets sinusförmig ist. Die Frequenz des europäischen Verbundnetzes wird exakt auf 50 Hz einreguliert. Eine Ausnahme bildet das Schweizerische Bahnnetz (SBB), welches aus historischen Gründen mit $16^2/_3$ Hz betrieben wird. In den USA beträgt die Netzfrequenz 60 Hz.

Wir werden später sehen, dass die Wechselströme im allgemeinen gegenüber den Spannungen eine Phasenverschiebung aufweisen. Sie ist definiert als die Differenz zwischen dem Nullphasenwinkel der Spannung und dem Nullphasenwinkel des Stromes:

$$\varphi = \varphi_{0u} - \varphi_{0i}$$

Mit der standardmässigen Festlegung $\varphi_{0u} = 0$ ergeben sich somit folgende Funktionsverläufe für Wechselstrom und Wechselspannung:

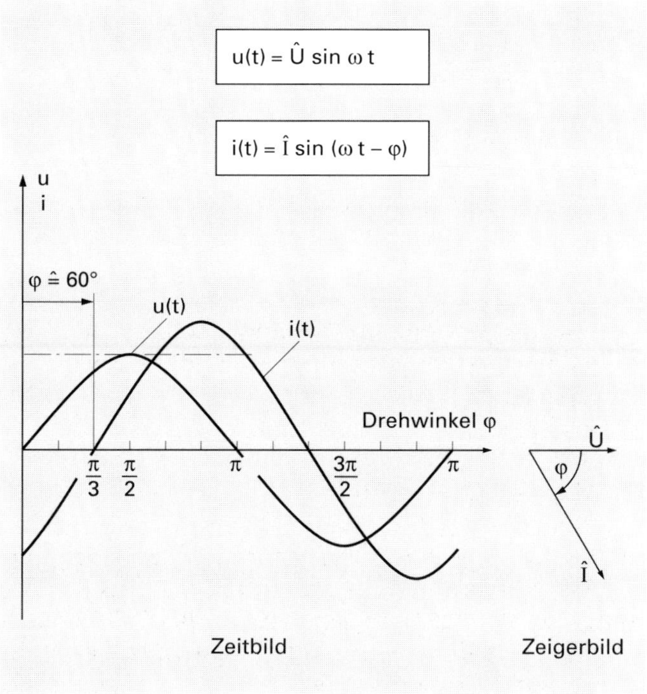

Phasenverschiebung zwischen Strom und Spannung

Sprechweise:
Der Strom eilt der Spannung um den Winkel φ nach. Im obigen Beispiel beträgt der Wert $\varphi = \pi/3 \mathrel{\hat{=}} 60°$.

Da im technischen Wechselstromnetz die Frequenz immer 50 Hz beträgt, genügt zur vollständigen Angabe einer harmonischen Wechselgrösse die Angabe von Amplitude und Phasenwinkel. Genau diese Informationen liefern aber die Zeigerdiagramme. Sie können als Momentanaufnahme der mit konstanter Frequenz rotierenden Drehzeiger $\hat{U}$ und $\hat{I}$ aufgefasst werden.

7.2.3 Die Leistung bei Wechselstrom

Zur Berechnung der Leistung müssen bei Wechselstrom die Momentanwerte u(t) und i(t) eingesetzt werden. Das Produkt ergibt die Momentanleistung p(t).

$$\text{Momentanleistung } p(t) = u(t) \cdot i(t)$$

Die Gesetze werden vorerst für die Einzelelemente R, L und C vorgestellt und nachher für den allgemeinen Fall von gemischten Schaltungen verallgemeinert.

a) Ohm'sche Verbraucher R
Wie bereits erwähnt, verursachen Ohm'sche Verbraucher prinzipiell keine Phasenverschiebung zwischen Strom und Spannung. Für die Momentanleistung gilt deshalb:

$$p(t) = u(t) \cdot i(t) = \hat{U} \cdot \hat{I} \cdot \sin^2 \omega t$$

Der zeitliche Mittelwert der Momentanleistung wird als Wirkleistung P_w bezeichnet . Da der $\sin^2 \omega t$-Term zwischen 0 und 1 pendelt, beträgt sein Mittelwert $^1/_2$ und es gilt für die Wirkleistung:

$$P = \frac{\hat{U} \cdot \hat{I}}{2}$$

Um die formale Übereinstimmung mit der Gleichstromformel $P = U \cdot I$ zu erzwingen, werden die um den Faktor $\sqrt{2}$ verkleinerten Scheitelwerte $\hat{U}/\sqrt{2}$ und $\hat{I}/\sqrt{2}$ als Effektivwerte definiert, so dass für die elektrische Wirkleistung gilt:

$$P = U_{eff} \cdot I_{eff} = U \cdot I$$

Der Effektivwert eines Wechselstroms entspricht demjenigen Gleichstromwert, der am Ohm'schen Verbraucher die gleiche Wärmeleistung erzeugt.

Es hat sich in der elektrotechnischen Praxis eingebürgert, die Indizes «eff» wegzulassen und die Effektivwerte dafür mit Grossbuchstaben zu bezeichnen. Ferner werden in Zeigerdiagrammen die Zeigerlängen als Effektivwerte und nicht als Scheitelwerte eingetragen.

Merke:
Am Ohm'schen Widerstand sind Strom und Spannung in Phase.

Symbol und Formel für Widerstand:

Symbol 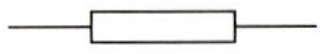
R

Formel $R = \rho \cdot \frac{l}{A}$

$I = \frac{U}{R}$

Legende ρ = spezifischer elektrischer Widerstand
l = Länge des Leiters
A = Querschnitt des Leiters

b) Reine Induktivität (Spulen)

Wird an eine Spule mit vernachlässigbarem Ohm'schen Widerstand eine Wechselspannung angelegt, so wirkt diese wegen der dauernden magnetischen Flussänderung (Selbstinduktion) wie ein Widerstand, welcher einerseits die Stromstärke begrenzt und andererseits auch eine Phasenverzögerung des Stromes um 90° bewirkt. Da die von der Spannung an der Spule verrichtete Leistung nicht dissipiert wird, sondern als magnetische Energie dauernd zwischen Verbraucher und Spannungsquelle hin und her pendelt, bezeichnet man diesen induktiven Widerstand als Blindwiderstand X_L.

Merke: Am rein induktiven Widerstand eilt der Strom der Spannung um eine Viertelperiode nach.

Symbol und Formel für Luftspulen (Induktivität):

Symbol 
L

Formel $L = \frac{\mu_0 \cdot A \cdot N^2}{l}$

$X_L = \omega \cdot L$

$I = \frac{U}{X_L}$

Legende A = Querschnitt der Spule
l = Länge der Spule
N = Windungszahl
μ_0 = magnetische Feldkonstante
$= 4\pi \cdot 10^{-7}$ Vs/Am

c) Kapazitäten (Kondensatoren)

Liegt eine Wechselspannung an einem Kondensator, so wird dieser im Takte der Wechselfrequenz geladen und entladen. Dieses dauernde Auf- und Entladen bewirkt ein Voreilen des Stromes, da die Spannung sich erst einstellt, nachdem ein Ladestrom geflossen ist. Die Kapazität wirkt deshalb ebenfalls wie ein Blindwiderstand X_C, welcher umso kleiner ist, je rascher die Ladeprozesse erfolgen.

$X_C = \frac{1}{\omega \cdot C}$ Kapazitiver Blindwiderstand X_C

Auch der kapazitive Widerstand entzieht dem Stromkreis keine Energie.
Im Falle des idealen Kondensators eilt der Strom der Spannung um 90° vor. Eine Kapazität verhält sich somit phasenmässig umgekehrt wie eine Induktivität. Dieses Verhalten eröffnet die Möglichkeit, unerwünschte induktive Blindströme mit Kondensatoren zu kompensieren.

Merke: Am rein kapazitiven Widerstand eilt der Strom der Spannung um eine Viertelperiode vor.

Symbol und Formel für Kondensator (Kapazität):

Symbol 
C

Formel $C = \varepsilon_0 \cdot \frac{A}{d}$

$X_C = \frac{1}{\omega \cdot C}$

$I = \frac{U}{X_C}$

Legende A = Fläche der Platten
d = Abstand der Platten
ε_0 = elektrische Feldkonstante
$= 8{,}86 \cdot 10^{-12}$ As/Vm

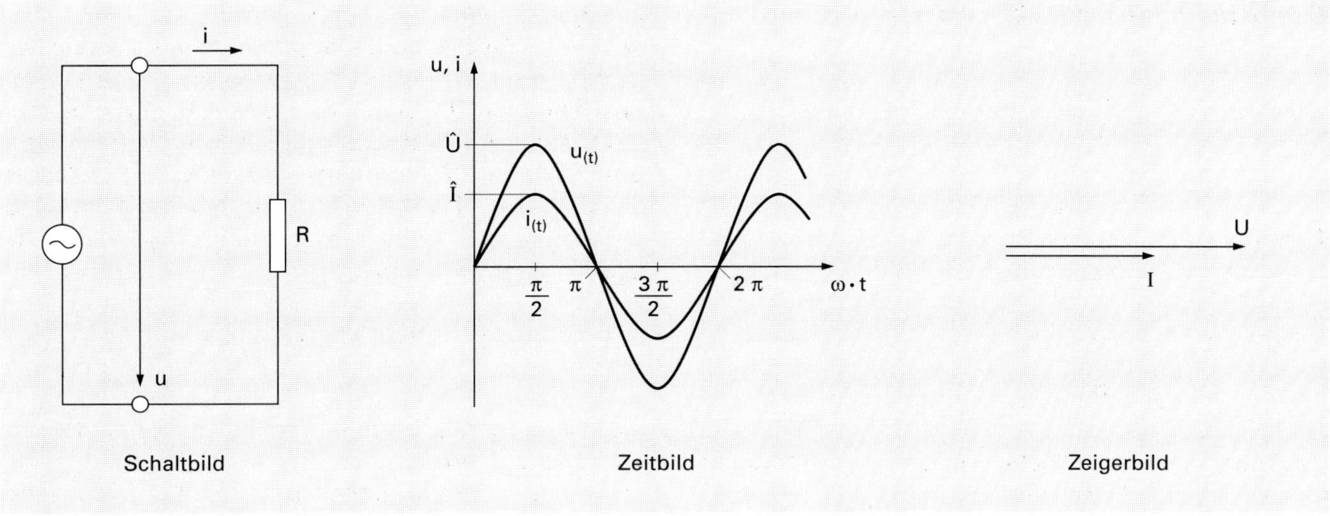

Spannung und Strom am Ohm'schen Widerstand

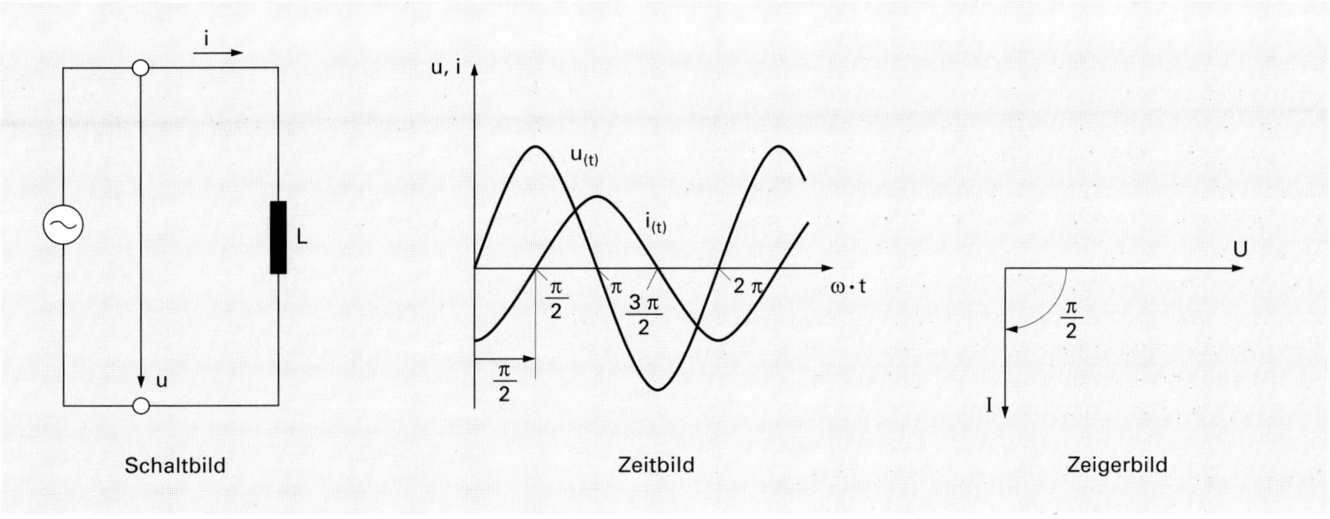

Spannung und Strom am rein induktiven Widerstand

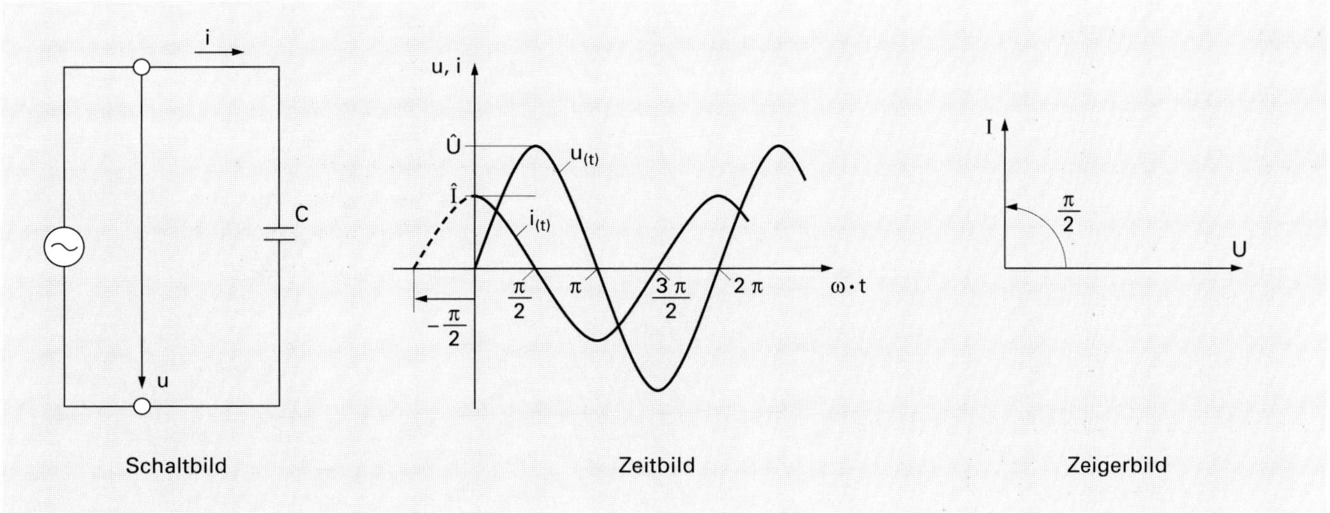

Spannung und Strom am rein kapazitiven Widerstand

7.2.4 Wirk- und Blindstrom bei gemischten Schaltungen

Wir wissen bereits, dass im rein Ohm'schen Widerstand Strom und Spannung in Phase sind. Da der Strom in diesem Fall die grösste Wirkung entfaltet, spricht man von reinem Wirkstrom I_W.
Im Fall der idealen Spule oder des verlustlosen Kondensators ist der Strom um den Winkel $\varphi = 90°$ gegenüber der Spannung nach- bzw. vorverschoben. Man spricht in diesem Fall von einem Blindstrom I_B, da der Mittelwert $u(t) \cdot i(t)$ null wird.

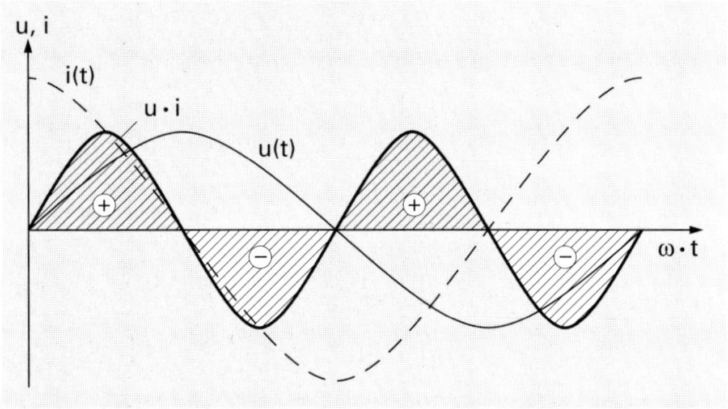

Verlauf der Blindleistung im Kondensator. Bei Blindstrom ist die Wirkleistung null.

Treten Ohm'sche, induktive und kapazitive Verbraucher zugleich in einem Stromkreis auf, so werden die Phasenverhältnisse verwickelt und unübersichtlich. Dominieren die Induktivitäten (Spulen aller Art), so eilt der Gesamtstrom der Spannung hintennach. Überwiegen jedoch die Kapazitäten (Kondensatoren), so eilt der Gesamtstrom der Spannung voraus. Im allgemeinen Fall ist die Phasenverschiebung des Stromes I weder $\varphi = 0°$ noch $\varphi = 90°$, sondern hat irgendeinen Zwischenwert.

Das Bild zeigt die Verhältnisse am Beispiel der Serieschaltung eines Widerstandes und einer Induktivität mit einer Phasenverschiebung von 60°.

Es ist zweckmässig, in diesem Fall den Strom I gedanklich in zwei Komponenten zu zerlegen, von denen die eine, der Wirkstrom I_W, mit der Spannung U in gleicher Phase ($\varphi = 0°$) liegt und die andere, die Blindstromkomponente I_B, um 90° nacheilt.
Vektoriell addiert ergeben sie den Gesamtstrom I.
Eine Veranschaulichung der Begriffe Blind- und Wirkkomponente kann einer mechanischen Analogie entnommen werden.
Die in der Figur dargestellte Feder soll durch eine Kraft F gespannt werden. Auch hier ist nur die in die Richtung der Feder fallende Komponente F_w wirksam, während die dazu senkrechte Komponente F_B als Blindkomponente bezeichnet werden kann, da sie keine Leistung verrichtet. Aus dem Diagramm liest man ab:

$I_W = I \cdot \cos \varphi$	Wirkstrom
$I_B = I \cdot \sin \varphi$	Blindstrom

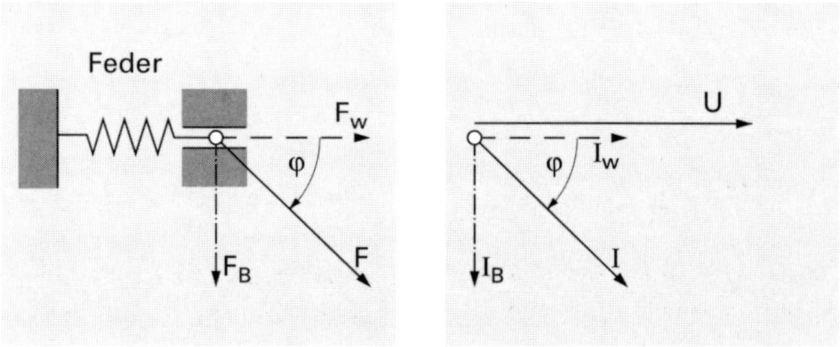

Illustration von Wirk- und Blindkomponente für Kraft und Strom

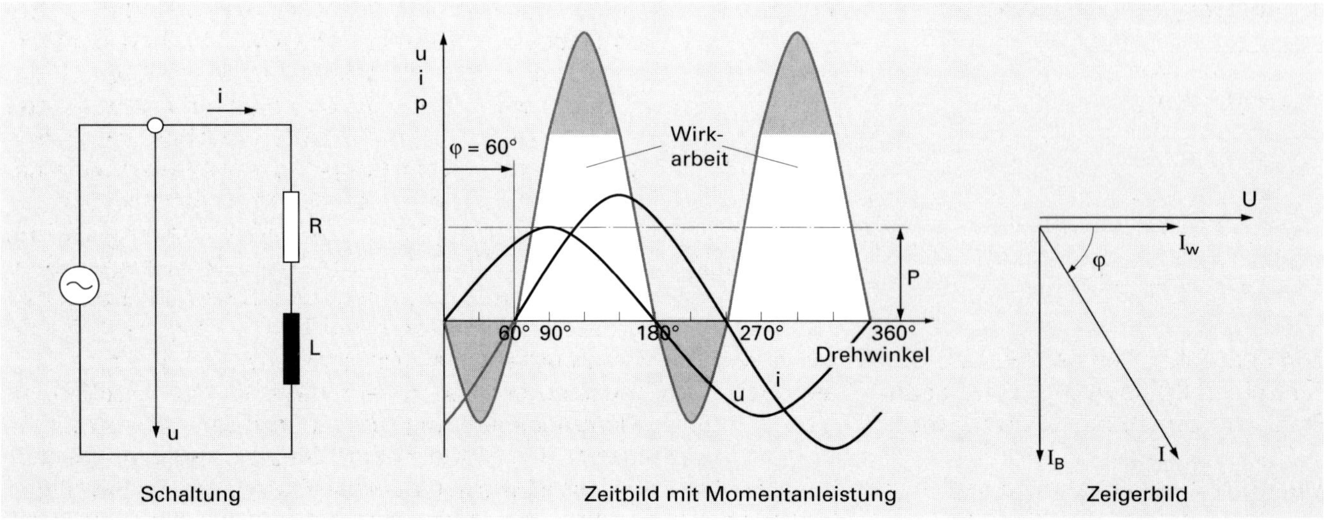

Serieschaltung von Widerstand und Induktivität

7.2.5 Wirk- und Blindleistung

Da die Wirkstromkomponente mit der Spannung in Phase liegt, ergibt sich aus dieser mechanischen Analogie die für die Wirkleistung allgemein gültige Formel für die Wirkleistung P bei Einphasenwechselstrom

$$P = U \cdot I \cdot \cos \varphi$$

Der Faktor cos φ heisst Leistungsfaktor. Er wird bei den meisten elektrischen Maschinen auf dem Typenschild aufgeführt.

Für die Blindleistung Q gilt sinngemäss

$$Q = U \cdot I \cdot \sin \varphi$$

Sowohl Wirk- als auch Blindleistung können mit geeigneten Messinstrumenten gemessen werden.

7.2.6 Der Scheinwiderstand Z

Im allgemeinen Fall erfolgt die Berechnung der Stromstärke I mit Hilfe des Scheinwiderstandes Z (Impedanz). Es gilt:

$$I = \frac{U}{Z}$$

Der Wert der Impedanz lässt sich aus den Schaltelementen nach den Kirchhoff'schen Gesetzen bestimmen, wobei beim Wechselstrom die Additionen statt algebraisch vektoriell auszuführen sind. In unserem Beispiel der Serieschaltung von R und L ergibt sich mit dem Festzeiger oder Operatorendiagramm:

$$Z = \sqrt{R^2 + X^2_L}$$

$$\operatorname{tg} \varphi = \frac{X_L}{R}$$

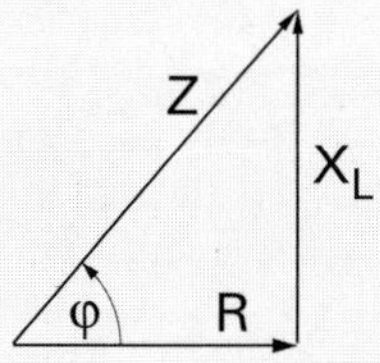

Festzeigerbild

Wie dem Bild zu entnehmen ist, lassen sich aus dem Festzeigerbild sowohl die Impedanz Z als auch die Phasenverschiebung φ herauslesen.

Merke: In einer Schaltung aus R-, L- und C-Elementen ist die gesamte Wirkleistung die Summe aller Teilwirkleistungen.

7.2.7 Die Scheinleistung

Das Produkt U • I heisst Scheinleistung. Physikalisch hat diese Grösse wenig Bedeutung. Mit ihrer Hilfe lassen sich jedoch die Leistungsformeln relativ übersichtlich notieren und an einem Leistungsdreieck veranschaulichen.

Leistungsdreieck

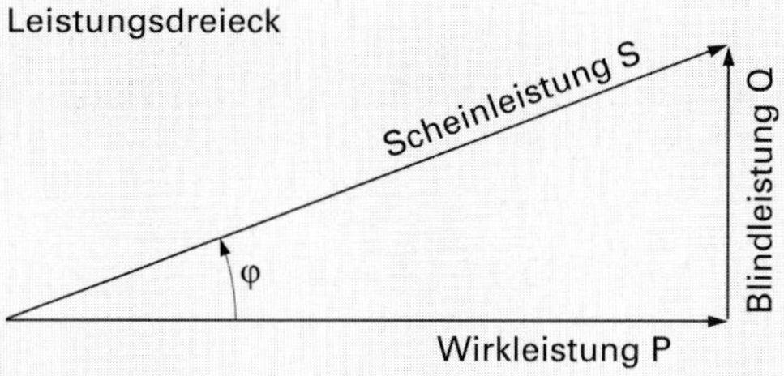

$$S^2 = P^2 + Q^2$$

$S = \sqrt{P^2 + Q^2}$ S Scheinleistung in VA

$Q = \sqrt{S^2 - P^2}$ Q Blindleistung in var

$P = \sqrt{S^2 - Q^2}$ P Wirkleistung in W

7.2.8 Die Bedeutung des Blindstroms und seine Kompensation

Auch der in den öffentlichen Leistungsnetzen fliessende Strom ist durch induktive Belastung mit Motoren und dergleichen kein reiner Wirkstrom, sondern lässt sich in einen Wirk- und Blindanteil zerlegen. Auf jeden Fall ist der tatsächlich fliessende Strom I grösser als der Wirkstrom I_w, der zur Umformung in nutzbare Arbeit erforderlich ist. Damit wird das Leitungsnetz bedeutend stärker belastet, als es dem eigentlichen Bedarf entspricht. Dieser Effekt ist aus der Sicht der Elektrizitätsunternehmen unerwünscht, weil dadurch unnötig Energie auf den Hochspannungszuleitungen verloren geht. Die Werke fordern deshalb die Strombezüger auf, den Leistungsfaktor cos φ nach Möglichkeit zu verbessern, d.h. dem Wert 1 möglichst nahezubringen. Hierfür gibt es zwei Möglichkeiten. Die eine besteht im Betrieb besonderer, übererregter Synchronmotoren. Einfacher und bequemer sind jedoch grosse Kondensatoren, die dem jeweiligen induktiven Verbraucher parallelzuschalten sind. Die Kapazität C muss so bemessen sein, dass bei der betreffenden Klemmenspannung ein kapazitiver Blindstrom I_B durch den Kondensator fliesst, der von gleicher Grösse ist wie der induktive Blindstrom der jeweiligen Verbraucher. Beide Ströme müssen einander dann kompensieren, d.h. sich gegenseitig aufheben.

7.2.9 Abwärme von elektrischen Apparaten

Die einer Maschine zugeführte elektrische Leistung wird immer nur teilweise in Nutzleistung (Bewegung, Beleuchtung usw.) umgesetzt, der Rest geht als Wärme verloren. Das Verhältnis der Nutz- zur Gesamtleistung heisst Wirkungsgrad η.

Die Differenz zwischen zugeführter Gesamtleistung und gewünschter Nutzleistung, welche als «Heizleistung» bezeichnet werden kann, ergibt sich somit zu:

$$\dot{Q}_{Abwärme} = (1 - \eta) \cdot U \cdot I \cdot \cos \varphi$$

Ob diese Abwärme mit wirtschaftlichem Aufwand zur Deckung des Heizbedarfes verwertet werden kann, hängt von verschiedenen Faktoren ab. Eine allgemeine Regel kann schon deshalb nicht aufgestellt werden, weil in vielen Fällen diese Abwärme gar nicht wirklich verloren ist, sondern ganz zwangsläufig einen mehr oder weniger grossen Beitrag zur Heizenergie liefert. So trägt beispielsweise die Abwärme einer Umwälzpumpe zur Erwärmung des zirkulierenden Wassers bei, wodurch letztlich nur ein Energieträger (Öl) durch einen andern (Strom) substituiert wird. Die Frage, ob dies sinnvoll ist, wird heute sehr kontrovers beurteilt und hat sich je länger je mehr von der physikalischen auf die politische Ebene verschoben.

7.2.10 Formelsatz Elektrizität

Elektrizität	Symbol	Einheit	Gesetz Name
a) Substanz	Q	As	elektrische Ladung
b) Strom	$\frac{\Delta Q}{\Delta t} = I$	A	elektrische Stromstärke
Stromdichte	$\dot{q} = \frac{I}{A}$	A/m²	
c) Potential	φ	V	Volt
Spannung	U	V	$U = \Delta\varphi$
d) Strömungsgesetz			Ohm'sches Gesetz: $I = \frac{U}{R}$
Widerstand	R	Ω	Ohm
Leitwert	$G = \frac{1}{R}$	S	Siemens
e) Speichergleichung Kapazität	C	Farad	$Q = C \cdot U$
Zeitkonstante	τ	s	$\tau = R \cdot C$
Halbwertszeit	$T_{1/2}$	s	$T_{1/2} = \tau \cdot \ln 2$

8. Licht

8.1 Fotometrie

Analog wie beim Schall muss man auch beim Licht zwischen den physikalischen Vorgängen und den entsprechenden Sinnesempfindungen unterscheiden. Ursache für die Lichtwahrnehmung ist stets eine elektromagnetische Strahlung. Erst ihre Einwirkung auf die Netzhaut des Auges erzeugt eine sinnliche Lichtempfindung. Beim Menschen liegt der sichtbare Spektralbereich zwischen etwa 400 und 800 nm. Bienen können auch kürzere Wellenlängen wahrnehmen. Sie sehen im Ultraviolettbereich, während Schlangen dank ihrer Infrarotsensoren ihre Beute auch in der Nacht orten können.

Die Gesetzmässigkeiten des sichtbaren Lichtes werden unter dem Sammelbegriff Fotometrie zusammengefasst. Zwischen den physikalischen und fotometrischen Grössen sowie ihren gegenseitigen Beziehungen besteht eine formale Analogie (siehe Formelsatz am Ende dieses Kapitels).

Die spektrale Empfindlichkeit des Auges
Das normalsichtige menschliche Auge besitzt seine grösste Empfindlichkeit bei 555 nm (Bild). Dies betrifft allerdings nur die bei heller Beleuchtung reagierenden, für das Farbensehen verantwortlichen Zäpfchen der Netzhaut. Die für das Dämmerungssehen zuständigen Stäbchen registrieren nur Grautöne und haben ihre grösste Empfindlichkeit bei 510 nm. Bei Nacht funktioniert somit grundsätzlich ein anderer Sehapparat als bei Tage.

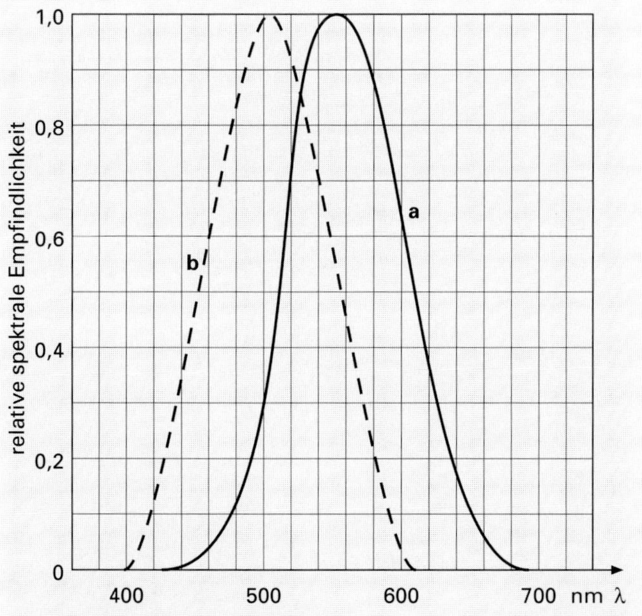

a Zäpfchen (Farbensehen)

b Stäbchen (Dämmerungssehen)

Spektrale Empfindlichkeit des Auges

8.2 Fotometrische Grössen

8.2.1 Lichtmenge Q und Lichtstrom Φ

Die der Strahlungsenergie analoge Grösse ist in der Fotometrie die Lichtmenge Q. Die auf die Zeit bezogene Lichtmenge heisst Lichtstrom oder Lichtleistung Φ. Die Einheit für den Lichtstrom ist das «lumen» = lm. Es tritt an die Stelle der physikalischen Leistungseinheit Watt = W.
Es gelten somit die einfachen Beziehungen:

$$Q = \Phi \cdot t \qquad \text{analog zu} \qquad E = P \cdot t$$

mit der Einheit [Q] = lms analog zu [E] = Ws

Die Einheit der Lichtmenge ist somit die Lumensekunde = lms, welche der physikalischen Energieeinheit Wattsekunde = Ws entspricht.

8.2.2 Lichtstärke

Nur wenige Lichtquellen sind in der Lage, Licht nach allen Seiten gleichmässig abzustrahlen. Reale Lichtquellen strahlen in verschiedenen Richtungen verschieden stark. Wir kommen auf diesen Punkt bei den Lichtverteilungskurven zurück. Für den Moment stelle man sich idealerweise eine kleine, in alle Richtungen gleichmässig strahlende Lichtquelle vor. Zur Definition der Lichtstärke umgibt man diese Lichtquelle gedanklich mit einer konzentrischen Hohlkugel vom Radius r = 1m. Die Lichtstärke I ist definiert als der Lichtstrom Φ, der den Raumwinkel Ω = 1 Steradiant (abgekürzt «sr») gleichmässig durchstrahlt. Dabei wird die zugehörige Innenfläche A = 1m² der Einheitskugel gleichmässig beleuchtet.

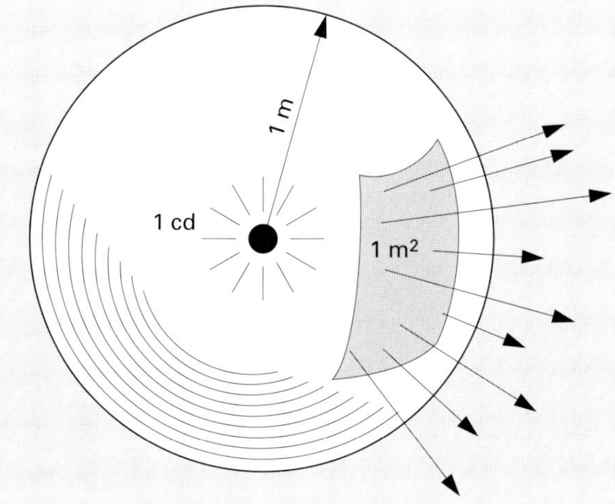

Zur Definition der Lichtstärke

Die Einheit der Lichtstärke ist seit 1948 die Neukerze oder «Candela», abgekürzt «cd».

Definition Lichtstärke $$I = \frac{\Delta \Phi}{\Delta \Omega}$$

Einheit der Lichtstärke $$[I] = \frac{\text{lm}}{\text{sr}} = \text{candela} = \text{cd}$$

In Worten ausgedrückt bedeutet dies:
Eine kugelsymmetrisch strahlende Lichtquelle von 1 cd strahlt auf eine Teilkugelfläche von 1 m² im Abstand von 1m den Lichtstrom 1 lm.

Wenn eine Lichtquelle die Gestalt einer ebenen, diffus strahlenden Fläche aufweist, so ist die Lichtstärke proportional zum Cosinus zwischen Flächennormale und Beobachtungsrichtung. Es gilt also für die unter dem Winkel α wahrnehmbare Lichtstärke

$$I(\alpha) = I \cdot \cos \alpha$$

Dieser Zusammenhang wird als Lambert'sches Gesetz, die entsprechende Lichtquelle als Lambert-Strahler bezeichnet.

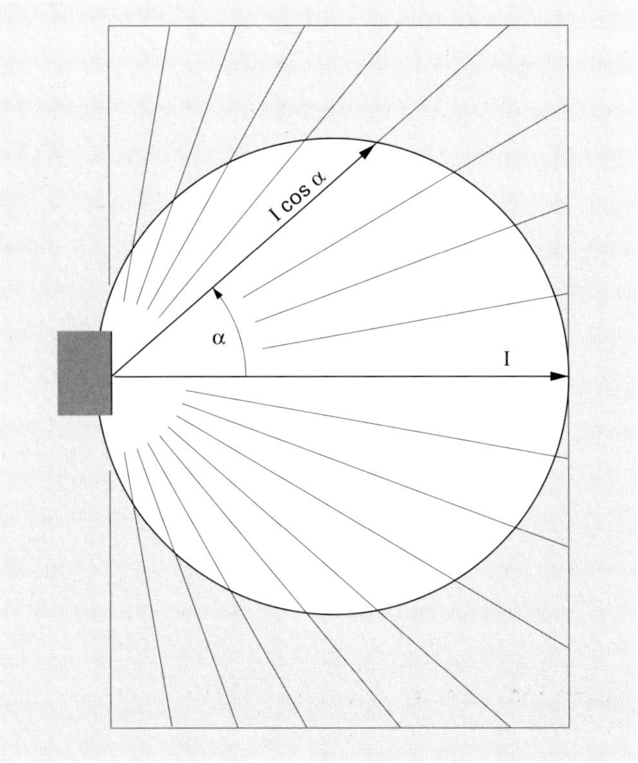

Lichtverteilung eines Lambert-Strahlers

Ein mattweiss gestrichener, von Sonnenlicht beschienener Karton stellt näherungsweise einen Lambert-Strahler dar.

8.2.3 Die Lichtverteilungskurven

Wie bereits erwähnt, strahlen technische Lichtquellen nicht kugelsymmetrisch. Je nach ihrem Aufbau können sie sehr unterschiedliche Richtungsabhängigkeiten aufweisen. Um sich eine Vorstellung von den Abstrahlungsverhältnissen einer Glühlampe oder anderer unregelmässig strahlender Lichtquellen zu machen, werden die Lichtstärken I in den einzelnen Richtungen gemessen und massstäblich auf den zugehörigen Richtungsstrahlen aufgetragen.
Man gewinnt auf diese Weise die Lichtverteilungskurve einer Lichtquelle oder einer Leuchte. Sofern nichts anderes angegeben, ist den Kurven eine Lichtquelle mit einem Lichtstrom von $\Phi^* = 1000$ lm zugrunde gelegt. Die folgende Figur zeigt die Lichtverteilungskurve einer Glühlampe.

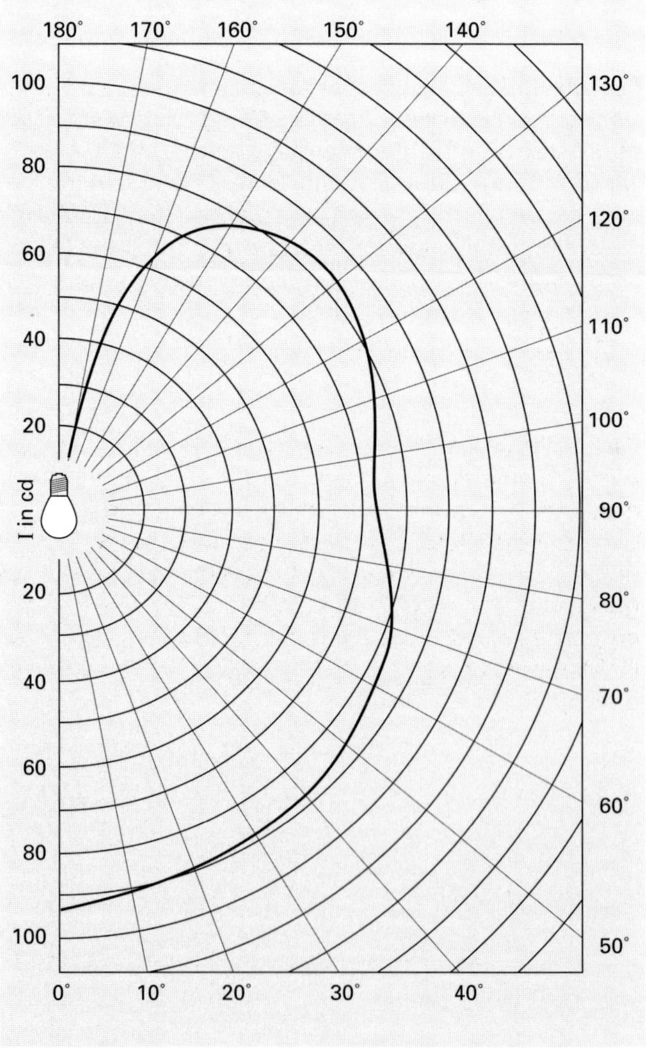

Lichtverteilungskurve einer Glühlampe

8.2.4 Beleuchtungsstärke

Während die Lichtstärke die Eigenschaft der Strahlungsquelle beschreibt, bezieht sich die Beleuchtungsstärke auf die Lichtverhältnisse eines angestrahlten Körpers bzw. dessen Oberfläche. Die Beleuchtungsstärke ist die analoge Grösse zur Intensität bei der Strahlung und wird wie folgt definiert:

Bei senkrechter Einstrahlung ist die Beleuchtungsstärke der Quotient aus auftreffendem Lichtstrom und bestrahlter Fläche:

$$E = \frac{\Phi}{A}$$

Einheit der Beleuchtungsstärke $[E] = \frac{\text{lm}}{\text{m}^2} = \text{lux} = \text{lx}$

Hierin ist die Fläche A streng genommen eine Kugelfläche mit der Lichtquelle als Mittelpunkt, andernfalls ein Mittelwert. Für die ganze Kugelinnenfläche gilt:

$$\Phi_{max} = 4\pi \cdot I \quad \text{und} \quad A_{max} = 4\pi \cdot r^2$$

$$E = \frac{\Phi_{max}}{A_{max}} = \frac{4\pi \cdot I}{4\pi \cdot r^2} = \frac{I}{r^2}$$

Analog zur Intensität eines physikalischen Strahlers nimmt die Beleuchtungsstärke hiernach mit dem Quadrat der Entfernung ab. Wie aus der Ableitung hervorgeht, gilt die Gleichung nur für senkrechtes Auftreffen der Lichtstrahlen. Fallen sie dagegen unter einem Neigungswinkel α gegen das Lot der bestrahlten Fläche ein, so ist nur die vertikale Komponente $I \cos \alpha$ der Lichtstärke wirksam, und die horizontale Beleuchtung beträgt:

$$E = I \cdot \cos \alpha$$

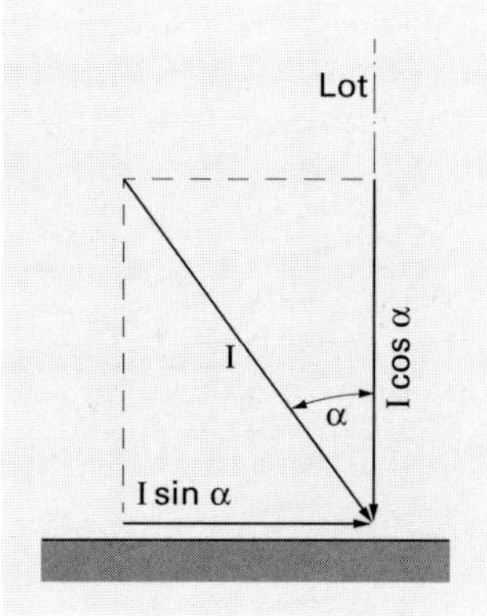

Die folgende Tabelle zeigt einige Beispiele von Beleuchtungsstärken aus dem technischen und dem Alltagsbereich.

Beispiel	Beleuchtungsstärken
Strassen und Plätze	2 ... 10 lx
Werkstatt	60 lx
Lesesaal	250 lx
Operationssaal	600 lx
Sonnenlicht im Sommer	100'000 lx
Nachts bei Vollmond	0,2 lx
Mondlose klare Nacht	0,0003 lx

Einige typische Beleuchtungsstärken (Richtwerte)

8.2.5 Leuchtdichte

Sie ist ein Mass für den Helligkeitseindruck einer strahlenden oder reflektierenden Fläche auf das Auge und bestimmt die Blendung. Die Leuchtdichte ist der Quotient aus der Lichtstärke und der scheinbaren Oberfläche der Lichtquelle. Die Einheit der Leuchtdichte ist 1cd/m^2.

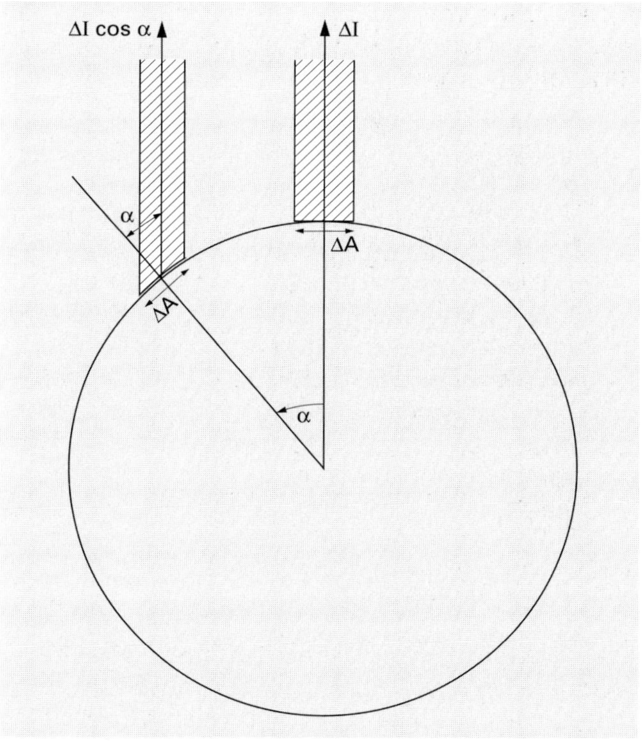

Leuchtdichte einer Kugeloberfläche mit Lambert-Charakteristik

$$L = \frac{\Delta I \cdot \cos \alpha}{\Delta A \cdot \cos \alpha} = \frac{\Delta I}{\Delta A}$$

Die Kugeloberfläche erscheint somit als Kreisscheibe mit konstanter Helligkeit.

Leuchte	Leuchtdichte in cd/m²
Nachthimmel	10^{-3}
Leuchtstofflampe	10^{3}
Leuchtdraht einer Wolframglühlampe	10^{7}
Krater der Kohlebogenlampe	10^{8}
Sonne	10^{9}

Leuchtdichten einiger Lichtquellen

8.2.6 Lichtausbeute

Die Lichtausbeute η_L einer Lichtquelle oder Lampe gibt an, wieviel Lichtstrom pro zugeführter elektrischer Leistung abgegeben wird:

$$\eta_L = \frac{\Phi}{P} \qquad \text{in der Einheit } \frac{\text{lm}}{\text{W}}$$

Die folgende Tabelle zeigt die Ausbeute einiger Glühlampen unterschiedlicher Leistung.

Nennleistung in W	Lichtstrom in lm	Lichtausbeute in lm/W
15 (Vakuumlampe)	122	9,1
25 (Vakuumlampe	230	9,2
40 (Einfachwendel)	340	8,5
60 (Einfachwendel)	600	10,0
100 (Einfachwendel)	1220	12,2
200 (Einfachwendel)	3020	15,1

Lichtausbeute einiger Glühlampen

8.2.7 Der Wirkungsgrad

Im Gegensatz zu anderen Energieformen ist die Lichtenergie keine physikalische, sondern eine physiologische Grösse, denn die elektromagnetische Strahlung wird vom Auge subjektiv bewertet. Wie bereits erwähnt, liegt das Maximum des Helligkeitseindrucks bei 555 nm. Würde die physikalische Leistung eines Strahlers bei dieser Wellenlänge zu 100 % in sichtbares Licht umgewandelt, so ergäbe sich ein Lichtstrom von 682 lm. Man bezeichnet deshalb den Wert

$$L^* = 682 \, \frac{\text{lm}}{\text{W}}$$

als fotometrisches Strahlungsäquivalent.

8.3.1 Glühlampen

Glühlampen sind Temperaturstrahler, weil die Anregung der Atome des Glühdrahtes durch Wärmeenergie erfolgt. Der grösste Teil der bei den üblichen Temperaturen von 2300 bis 3000 °C entstehenden Strahlung liegt im Infrarotbereich. Eine Glühlampe ist daher vorwiegend ein Wärmestrahler, welcher nebenbei noch etwas Licht abgibt.

8.3.2 Die Leuchtstofflampen

Leuchtstofflampen sind Entladungsstrahler, bei denen die Gasatome durch aufprallende Elektronen und Ionen in höhere, angeregte Atomzustände versetzt werden, von denen sie unter Emission von Licht wieder in den Grundzustand zurückspringen. Dank diesem Mechanismus wird viel weniger Wärme erzeugt als bei Glühlampen, weshalb eine wesentlich höhere Lichtausbeute resultiert.

8.3.3 Halogenglühlampen

Diesem Glühlampentyp werden spezielle Gase beigesetzt (meist Jod oder Brom), welche den Verdampfungsprozess der Glühwendel verlangsamen, so dass höhere Betriebstemperaturen möglich werden.
Obwohl dadurch die Lichtausbeute prinzipiell steigt, wird sie durch Vorschaltgeräte, Regeleinrichtungen oder durch Transformatoren teilweise zunichte gemacht.

8.3.4 Energiesparlampen

Bei den Energiesparlampen handelt es sich um kompakt gebaute Leuchtstofflampen. Was die Lichtausbeute betrifft, sind sie zwar den gewöhnlichen Glühlampen überlegen, erreichen aber nicht die Werte der normalen, stabförmigen Leuchtstofflampen. Der Name Energiesparlampe ist deshalb nur teilweise gerechtfertigt.
Zudem haben sie noch weitere Nachteile wie:
- verzögerte Helligkeitsentwicklung
- schlechte Regulierbarkeit
- Entsorgungsprobleme der Schwermetalle
- beschränkte Einsatzfähigkeit (Spektrum)

8.3.5 Entwicklung der Beleuchtungstechnik

Die technische Entwicklung auf dem Gebiet der Beleuchtung und vor allem der Lichtquellen und Lampen ist noch immer im Fluss. Nebst den erwähnten drei Haupttypen Glüh-, Halogen- und Leuchtstofflampen

existieren zahlreiche Mischformen und Spezialausführungen, welche sich nicht nur hinsichtlich der Lichtausbeute, sondern auch bezüglich des Lichtspektrums stark unterscheiden.
Um für eine bestimmte Anwendung aus dem grossen Angebot den geeigneten Lampentyp auszuwählen, empfiehlt es sich, einen Lichtfachmann beizuziehen. Die folgenden Bilder geben einen Überblick über die heute gängigen Lampentypen sowie ihre Lichtausbeute (aus Ravelhandbuch).

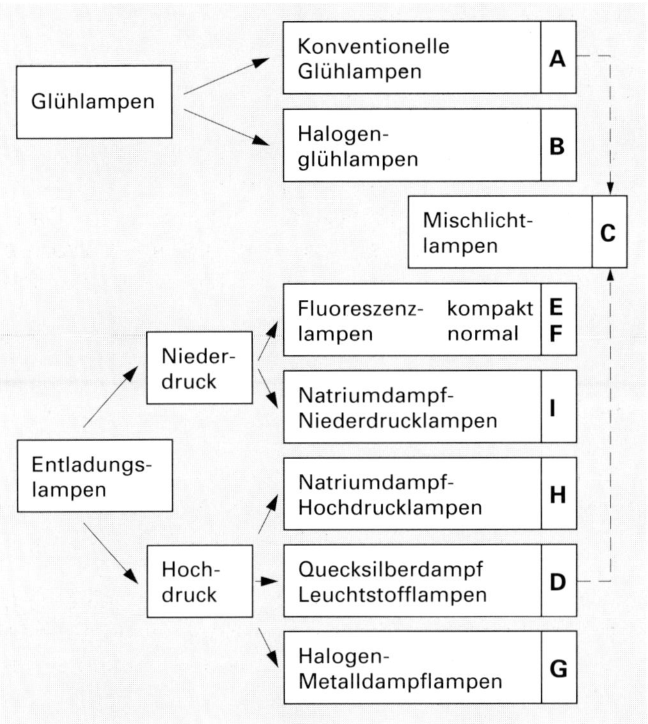

Einteilung der häufigsten Lampen

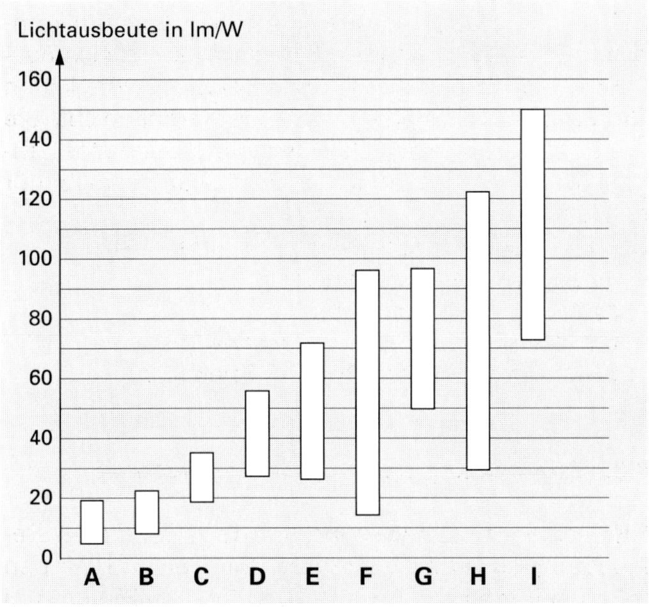

Lichtausbeute in lm/W für verschiedene Lampen

Licht	Symbol	Einheit	Gesetz Name
a) «Substanz»	Q	lms	Lichtmenge
b) Strom	$\dot{Q} = \frac{\Delta Q}{\Delta t} = \Phi$	lm	Lichtstrom
Stromdichte	$E = \frac{\Phi}{A}$	$\frac{lm}{m^2}$ = lux	Beleuchtungsstärke
Lichtstärke	I	$cd = \frac{lm}{sr}$	$I = \frac{\Delta\Phi}{\Delta\Omega}$
Leuchtdichte	L	$\frac{cd}{m^2}$	$L = \frac{I}{A}$

Merke: Lichtmenge, Lichtstrom und Beleuchtungsstärke beziehen sich auf den Licht-Empfänger. Lichtstärke und Leuchtdichte sind Eigenschaften der Lichtquellen.

9. Anhang

9.1 Formelzeichen und Abkürzungen

Grosse lateinische Buchstaben

A	Fläche
B	Biegesteifigkeit
C	Kapazität
D	Richtgrösse
D_D	Diffusionskoeffizient
D_{therm}	thermischer Durchmesser
E	Elastizitätsmodul (kurz E-Modul), Beleuchtungsstärke
F	Kraft
G	Leitwerte
H	Enthalpie
I	Stromstärke, Lichtstärke
L	Schallpegel, Leuchtdichte, Induktivität
L^*	Fotometrisches Strahlungsäquivalent
M_n	Molmasse
P	Leistung
Q	Wärmeenergie, Ladung, Lichtmenge
$\dot{Q}$	Wärmestrom Ladung
Re	Reynoldszahl
R	universelle Gaskonstante, Schall-Dämmass
R_S	spezifische Gaskonstante
S	Entropie Oberfläche
T	Nachhallzeit, Periodendauer, Absoluttemperatur
$T_{1/2}$	Halbwertszeit
W	Arbeit
X	Blindwiderstand
Z	Ordnungszahl, Scheinwiderstand, Schallwiderstand

Kleine lateinische Buchstaben

a	Fugendurchlasskoeffizient
c	spezifische Wärmekapazität, Wellenausbreitungsgeschwindigkeit
c_p	Druckkoeffizient
d	Dicke, Länge
f	Frequenz
$f_{abs.}$	Absolute Luftfeuchtigkeit
h	spezifische Enthalpie
k	Boltzmannkonstante, Wellenzahl, Wärmedurchgangskoeffizient
l	Länge
m	Masse
m'	Masse pro Fläche (Massenbelegung)
p	Druck
$\dot{q}$	Wärmestromdichte (Intensität)
r_S	Schmelzwärme
r_D	Verdampfungswärme
t	Zeit
v	Schallschnelle
r	Radius
s	Weg
x	Wasserdampfgehalt

Kleine griechische Buchstaben

α	Übergangskoeffizient, Absorptionskoeffizient
γ	Volumendehnungskoeffizient
δ	Dämpfungskonstante
ϑ	Temperatur
ζ	Widerstandsbeiwert
ε	Strahlungszahl Leistungsziffer
ε_0	elektrische Feldkonstante
κ	Kompressibilität
λ	Wärmeleitfähigkeit
λ_D	Diffusionsleitfähigkeit
σ	Stefan-Boltzmannkonstante
τ	Zeitkonstante
υ	Amplitudendämpfung
ρ	Dichte
η	Phasenverschiebung, Zähigkeit, Wirkungsgrad
η_L	Lichtausbeute
φ	relative Luftfeuchtigkeit, Potential
ω	Kreisfrequenz
μ	Dampfdiffusionswiderstandsfaktor
μ_0	magnetische Feldkonstante

Grosse griechische Buchstaben

Λ	Lautstärke, Wärmedurchlasskoeffizient
Φ	Lichtstrom, magnetischer Fluss

9.2 Stichwortverzeichnis

Dieser Band dient als Grundlage und Einführung für die Folgebände des Leitfadens «Bau und Energie».

Das erste Kapitel zeigt auf, wie und warum das Verständnis für physikalische Vorgänge in den letzten Jahren einen immer grösseren Einfluss auf das Baugeschehen genommen hat.

Die Kapitel «Wärme», «Feuchte Luft» und «Schall» bilden den Schwerpunkt des Bandes.

Die beiden Kapitel «Elektrizität» und «Licht» tragen der Tatsache Rechnung, dass infolge der zunehmenden Anzahl installierter EDV-Anlagen und anderer Bürogeräte die Elektrizität einen wachsenden Anteil des Energiebedarfs von Neubauten beansprucht.

vdf

ISBN 3 7281 1824 9 ISBN 3 519 05050 1